卫星遥感土壤水分及干旱监测

房世波 等 编著

China Meteorological Press

内容简介

本书系统介绍了土壤水分的常用观测手段，既包括传统的基于地面观测的土壤水分测量方法，又包括基于遥感观测平台的地表土壤水分反演方法。书中详细探讨了卫星遥感技术在土壤水分获取及其精度改善方面的应用，并总结了作者及合作者近年来在土壤水分观测网络建设和高精度土壤水分反演等方面的模型、理论和关键技术。这些内容有利于相关领域的广大科技工作者迅速、全面地了解和掌握土壤水分观测的多种技术手段。

本书可为气象、农业、水文、遥感信息技术和地球空间科学领域的科研人员提供帮助，也适合作为高等院校相关专业研究生的教学和参考用书。

图书在版编目(CIP)数据

卫星遥感土壤水分及干旱监测 / 房世波等编著. —
北京：气象出版社，2020.4(2021.7重印)
ISBN 978-7-5029-7188-5

Ⅰ.①卫… Ⅱ.①房… Ⅲ.①卫星遥感-应用-土壤
水-监测②卫星遥感-应用-干旱区-监测 Ⅳ.
①S152.7②P941.71

中国版本图书馆 CIP 数据核字(2020)第 047519 号

卫星遥感土壤水分及干旱监测
Weixing Yaogan Turang Shuifen ji Ganhan Jiance

出版发行：气象出版社

地　　址：北京市海淀区中关村南大街 46 号		邮政编码：100081	
电　　话：010-68407112(总编室)　010-68408042(发行部)			
网　　址：http://www.qxcbs.com		**E-mail**：qxcbs@cma.gov.cn	
责任编辑：黄海燕		终　　审：吴晓鹏	
责任校对：王丽梅		责任技编：赵相宁	
封面设计：北京时创广告传媒有限公司			
印　　刷：北京建宏印刷有限公司			
开　　本：787 mm×1092 mm　1/16		印　　张：11.25	
字　　数：288 千字		彩　　插：4	
版　　次：2020 年 4 月第 1 版		印　　次：2021 年 7 月第 2 次印刷	
定　　价：60.00 元			

本书如存在文字不清、漏印以及缺页、倒页、脱页等，请与本社发行部联系调换

《卫星遥感土壤水分及干旱监测》
编委会

作者简介

房世波：博士，中国气象科学研究院研究员，博士生导师，主要从事卫星遥感和农业气象灾害遥感研究。为世界气象组织（WMO）农业专家委员会（CAgM）委员，江西省委省政府特聘专家。主持国家自然科学基金中英国际合作重点项目和国家国际科技合作专项中加国际合作项目等多个国际合作项目，主持国家自然科学基金面上项目和重点研发项目专题等多个项目。近5年以第一或者通讯作者累计发表SCI论文30余篇，中文论文30余篇。获得遥感方面的多个软件著作权，2006年获加拿大政府研究专项奖。

朱永超：博士，中国气象局气象探测中心工程师，主要从事卫星土壤水分微波反演算法及星地土壤水分产品校验方面的研究工作，基于哨兵-1（Sentinel-1）数据土壤水分雷达反演算法方面的研究工作，取得了较好的反演精度，相关成果已在山东省农业干旱监测中得到了推广应用。2020年获国际科学理事会空间研究委员会青年科学家杰出论文奖。

章节作者（按姓氏笔画排序）：
王蕾：博士，中国气象科学研究院博士后，主要从事微波遥感土壤水分反演及其精度改进方法方面的研究。
师春香：博士，研究员，国家气象信息中心多源资料融合与同化分析首席专家，主要从事多源资料融合分析、陆面同化与再分析、大气同化与再分析研究。
孙瑞静：博士，国家卫星气象中心高级工程师，主要从事微波遥感反演地表参数以及干旱监测研究。
吴东丽：博士，中国气象局气象探测中心研究员，主要从事生态气象综合观测方面的研究，先后负责中国气象局自动土壤水分网和生态气象观测网的建设工作。
邵长亮：博士，中国气象局气象探测中心高级工程师，主要从事综合气象观测、资料同化以及土壤水分多源融合校验方面的工作。
宋扬：硕士，中国农业大学博士在读，主要从事农业遥感、作物物候、气候变化影响与适应等方面研究。
贾晓俊：硕士，北京雨根科技有限公司应用工程师，主要从事土壤水分测量方法及其影响因素研究、地表与大气之间水热通量监测方法研究。
鲍艳松：南京信息工程大学大气物理学院教授，博士生导师。从事大气、环境、生态卫星遥感、资料同化及天气环境预报的基础理论和关键技术研究。
韩帅：硕士，国家气象信息中心工程师，主要从事高分辨率陆面数据融合及陆面模式模拟研究。

序　言

土壤水分是一种重要的环境参数,其多寡不仅会造成涝渍和干旱,也直接影响农业作物产量,对国计民生有着直接的影响。持续高湿的土壤还是滑坡、泥石流等地质灾害的主要成因。因此,无论是政府相关决策者、科技人员还是社会大众,也都在关心土壤湿度这个参数。从学术的视点来看,土壤湿度是陆地和大气能量和物质交换的关键变量。土壤水分不但影响水文和河道径流,也影响陆地植被生态系统,甚至还通过陆面过程,影响天气系统的生成和发展,影响气候。精确地获取土壤水分参数,一直受到农、林、水、气等多个行业的关注。

正是由于土壤水分参数的重要性,自从有了遥感技术,各种各样的卫星遥感平台都被用来监测这个参数。现在已经发展出许多遥感土壤水分的方法,获得了多种干旱监测指数。而要做到正确地监测,最重要的是深入理解电磁波与自然物质之间相互作用的机理。本书通过对土壤水分反演方法和干旱监测指数的评估,试图分析理解其中的不确定性,进一步查找原因,提出改善土壤水分反演精度的途径。

由于植物的不同生长发育期对土壤水分的需求不一样,这些方法和指数在植物的不同发育期反演精度或者干旱监测精度如何?具有全天候观测能力的主被动微波几乎不受云的影响,但主动微波遥感土壤水分反演,受"地面粗糙度"和"植被覆盖"的干扰,而被动微波的土壤水分反演精度受植被覆盖影响很大,如何最大程度地消除这些干扰?相信本书的读者一定会对这些问题有兴趣,并且试图从本书中寻找答案。

本书系统地总结了作者及合作者近些年来在卫星遥感土壤水分高精确反演和地面高精度的土壤水分自动观测台站网络建设研究方面的工作,全面论述了光学遥感干旱监测和主被动微波土壤水分反演和模型的理论与方法,并就如何提高反演精度进行系统分析,可供气象、农业、水文和遥感信息技术、空间与地球科学等领域的科研人员以及高等院校相关专业的研究生阅读参考。

为了让读者尤其是广大科技人员能迅速掌握书中介绍的模型方法,从而进行卫星遥感土壤水分反演,作者还对全书涉及的关键技术提供了源程序代码(附录),例如欧洲遥感数据自动下载和批处理程序(Python,IDL+SARscape)、主动微波土壤水分反演的中"地面粗糙度"的地面观测和计算程序(MATLAB)等,具有很好的实用价值。

是为序。

许健民[*]

2019 年 12 月

---

[*] 许健民,中国工程院院士。

前　言

中国是旱涝多发的国家,土壤水分多寡造成的旱涝是影响农牧业最主要的气象灾害。以农业种植业为例,农业气象灾害(干旱、水灾、风雹和霜冻)多年成灾比例平均为 16％左右,而干旱和水灾多年平均成灾比例为 9％和 4％左右,且 50 年来气象灾害导致的农业受灾面积不断扩大,粮食因灾损失逐年增加。通过地面观测和多源卫星遥感观测获取土壤水分一直是当前监测农牧业干旱的重要手段。

当前卫星遥感干旱监测和土壤水分反演,已由定性分析发展为定量分析为主,然而光学遥感、主动微波和被动微波等不同方法有其适用的范围和优缺点,本书把研究重点放在不同土壤水分反演方法(干旱监测)的不确定性原因分析和如何提高土壤水分反演精度上。

遥感产品的真实性检验(也就是遥感产品的精度)依赖于同步获取的地面观测真值。所以,本书首先介绍了土壤水分的地面观测方法,重点分析了当前流行的两种方法(FDR 和 TDR)以及最新的宇宙射线快中子(COSMOS)土壤水分自动观测技术的基本原理和观测方法,详细分析了这些观测方法的观测精度、存在问题和影响因素。

几十年来发展了大量的光学遥感土壤水分反演方法和干旱监测指数,由于植物(作物)的不同生长发育期对土壤水分的需求不一样,这些方法和指数在不同植物的不同发育期反演精度或者干旱监测精度如何? 另外,由于微波遥感具有不受云、大气等影响的优势,基于微波遥感的地表土壤水分反演理论和算法成为近年来的研究热点。

本书第 1 章对土壤水分的概念、作用及其常用的观测手段进行了概述。第 2 章详细介绍了土壤水分的形态、表示方法及其传统测量方法,以及自动土壤水分观测网的构建。第 3 章对若干现代的土壤水分地面观测方法的精度优劣、影响因素等进行了探讨。第 4 章重点分析了当前主要的光学遥感干旱监测方法的原理及其在作物不同生育期的监测精度。第 5 章至第 8 章是本书的核心内容,其中,第 5 章和第 6 章详细介绍了主动微波遥感(合成孔径雷达)反演土壤水分的模型方法和被动微波土壤水分反演方法；针对影响主动微波遥感土壤水分反演精度的最主要干扰因素"地面粗糙度"和"植被覆盖"，结合野外观测和水云模型提出了详细的解决方案；以风云 3 号（FY-3）卫星的被动微波为例，介绍了被动微波土壤水分反演的模型，分析了干扰其反演精度的主要因素——植被覆盖；第 7 章和第 8 章以实例详细介绍了消除植被覆盖影响提高土壤水分反演精度的方法：主被动微波遥感数据融合土壤水分反演和机器学习 BP 神经网络方法。第 9 章对陆面模式土壤水分反演进行了简单介绍。

针对微波遥感数据下载、处理和地面粗糙度参数获取等土壤水分反演的过程，本书将文中的应用案例中对应的程序作为附录：包括欧洲哨兵数据自动下载程序（Python）、哨兵 1 号数据批处理流程（IDL＋SARscape）、插针式土壤粗糙度仪测量结果的数字化处理程序（土壤粗糙度数字化步骤以及粗糙度参数计算脚本（MATLAB）、均方根高度和相关长度计算代码）、陆面模式土壤水分反演的数据产品（CLDAS-V2.0，netcdf 格式）数据的读取与处理程序（NCL）。

本书出版得到了国家重点研发计划项目（2018YFC1506500 和 2019YFC1510205）、国家自然科学基金中英国际合作项目（牛顿基金）"基于高分雷达遥感和快中子水分传感技术，发展近实时的高时空分辨率的区域土壤湿度监测方法"（61661136005）和公益性院所基本科研业务费项目"基于卫星遥感的农业干旱监测关键技术研发"（2019Z010）的资助。

本书许多内容仍不够细致完善，不少研究结果和结论仍有待于进一步的完善和探讨，不妥之处，敬请读者批评指正。

作者

2019 年 12 月 20 日

目　　录

第 1 章 概 述

1.1 土壤水分及其重要作用

土壤水分,即土壤含水量或土壤湿度,是指土壤表层至地下水潜水面以上土壤层中的水分(张军红 等,2012)。地球约有 71% 的表面被水覆盖,但能为人类使用的淡水资源仅占所有水资源的 0.5%,有近 70% 的淡水资源被固定在南极地区和格陵兰地区的冰层中,其余的淡水中,约 0.05% 以上是以土壤水分的形式存在。土壤水分是地球的水、能量和碳循环的关键因素,是地球生态系统的重要组成部分,是陆地—大气系统间水热传输和能量交换的重要基础,是联系地表与地下水循环、陆地间碳循环的关键纽带。土壤水分是生态学、水文学、气象学研究中的一个重要变量。从生态学的角度,土壤水分是直接影响植物根系吸收的重要水分要素,在植物生长、土壤呼吸和植物功能等方面起着重要的作用;从水文学的角度,土壤水分是全球水循环的重要组成部分,它控制着地表渗透和地表径流的重新分配;从气候学的角度,土壤水分调节、控制陆地表面水分与能量的分配和循环,进而影响着全球的气候模式(陈书林 等,2012;张扬建 等,2017)。

土壤水分作为最常用的地表模型参数之一,在全球水循环规律分析、流域水文模型建立、农作物生长监测和旱情评估等方面起着重要的作用(刘元波 等,1997;王加虎 等,2008)。例如,在农业管理中,了解土壤水分的含量能够实现灌溉有效管理,作物产量预测以及病虫灾害监测和控制。对于水资源管理,在水资源日趋短缺和时空分布异常分布不均的条件下,土壤水分既是洪水监测、干旱监测和地面沉降分析的重要指标,又是工程设计的重要考虑因素,掌握土壤含水量的时空分布可帮助自然灾害识别、监测和人类生命财产的救助;对于气候变化监测,长期土壤水分储存的变化已被确定为气候变化的指标,土壤水分信息可以校准和验证全球气候模型;另外,土壤水分是多种水文模型、气候模型和生态模型等的重要输入参数,大尺度土壤水分含量的不确定性,一直是制约水文过程模拟、气候变化预测、洪水预报、旱情预测、农业生产力估算的关键因素。因此,研究地表土壤水分分布、大面积估测土壤水分含量具有很大的现实意义和科学价值。

土壤水分是土壤的一部分,它和土壤矿物质(固态)、土壤中的空气共同组成土壤。因此,土壤含水量对土壤的工程学、农学、地质学、生态学、生物学和水文等方面的活动有重大影响,土壤的浓度、兼容性、分裂、膨胀、收缩和密度等机械属性也依赖土壤含水量,土壤含水量在作物生长、自然生态系统和生物多样性方面也扮演着重要角色。在农业上,及时和充足的灌溉取决于作物的土壤水分环境,对作物生长是至关重要的。土壤含水量的时空变化受地势、地形、斜率、植被、土壤结构和质地以及其上的人造建筑影响。根据环境条件,土壤状态可分为干燥至饱和等多种状态。考虑到上述因子,土壤含水量的测定在农业、地质、水文和环境工程领域非常重要。土壤含水量也是水分平衡研究的重要参数,对坡面稳定性分析,多种地质结构的性能评估比如人行道、房基、土坝、挡土墙、压实黏土衬层、危险和有毒废料处理以及污染物运送等也都有重要作用。综上所述,土壤的物理、化学、矿物学、力学、地质、水文和生物学等属性都在极大程度上取决于土壤水分/土壤含水量。

1.2　常用土壤水分观测手段

1.2.1　土壤水分地面观测

土壤水分地面测量是指使用多种方法测量土壤含水量(体积和重量)。土壤水分含量的测定方法大致可分为取样测定法和定位测定法两大类。

取样测定法包括物理法和化学法。

(1)物理法:烘干法,如恒温烘干法、乙醇燃烧法、红外线法、实容法、比重法、称重仪法、蒸汽压法、离心机法、压力板法、超声波法、冰点下降法;

(2)化学法:碳化钙法、侵入法、浓硫酸法。

定位测定法包括非放射性法和放射性法。

(1)非放射性法:电测法,如介电法中的时域反射法、时域传播法、频域反射法、驻波率法、电容法、微波法、电阻法、极化法、电位差法、张力计法、热电偶法、热传导法、张力计法、热电偶法、热传导法、遥感法、水银温度法;

(2)放射性法:γ 反射法(中子法)、γ 透射法(中子-γ 射线法)、γ 散射法(中子源法)、γ 双源法(中子透射法)(邓英春 等,2007)。

其中,烘干法是最传统的方法,也是最常用的方法,包括经典烘干法和快速烘干法,但烘干法的局限性在于其只能测定土壤质量含水量,必须已知土壤容重后才能求得体积含水量或土体贮水量,而且因为土样不能原位复原,所以用于监测土壤水分动态变化较难;中子法适用于土壤水分的大范围连续定位动态观测,但中子探头的"热中子云球"的半径随土壤含水量的变化而改变,测定误差受土壤质地的不均匀或土壤湿度的空间变异性影响,而且辐射大,所以其应用受到限制;土壤的含水量与土壤的电介常数之间存在一种对应关系,介电法应用被测介质中表观介电常数随土壤含水量变化而变化这一原理测定土壤含水量,是一种简单快速、行之有效的方法,包括时域反射仪(time domain reflectometry,TDR)、频域反射仪(frequency domain reflectometry,FDR)等方法。

随着科学技术的发展,测量土壤水分的方法越来越多,它们在应用原理、使用方法以及测定结果等方面均存在差异。每一种方法都有其适用范围,因此在选用测量方法时,一定要有针对性,既要考虑其实用性,又要考虑其经济性(李旺霞 等,2014)。

1.2.2　基于遥感观测平台的地表土壤水分反演

对比传统的土壤水分测量方法,如定时点测量、陆面模式或水文模型模拟法等土壤水分测量途径,遥感技术提供了一种周期性、可全球覆盖的、多时相的对地观测手段,它从有限代表性的点信息转变到区域性的面信息,为土壤水分研究带来了新的技术支撑。

遥感技术监测土壤水分的研究始于 20 世纪 60 年代,到目前为止已有几十年的历史了,土壤水分用到的波段范围涵盖了可见光、近红外、热红外甚至达到 L 波段范围。根据不同的传感器类型,目前已有的各类土壤水分反演算法分为光学遥感、微波遥感(主动微波和被动微波)、多传感器联合反演等 3 种类型。此外,在大地测量学中,根据 GNSS 导航的反射信号发展的 GNSS-R/IR 遥感反演方法也逐步得到应用。

1.2.2.1 光学遥感反演方法

可见光遥感主要是利用土壤表面光谱反射特性,实现土壤水分的快速测定。常用的是 Landsat、MODIS 和 NOAA/AVHRR 等遥感数据构建相应的干旱指数或者植被指数来反映土壤含水量,如 PDI、MPDI、NMDI(Ghulam et al. ,2007a;Ghulam et al. ,2007b;Wang et al. ,2007)。

热红外遥感利用不同土壤水分含量下土壤自身发射率(比辐射率)的差异,记录其热红外信息,通过土壤表面温度或热惯量实现土壤水分的反演。地表温度与植被指数相结合,通过卫星影像的像元值在温度-植被指数特征空间的分布规律来估算土壤水分,如 TVDI、MTVDI、VTCI(Sandholt et al. ,2002;王鹏新 等,2001;许国鹏 等,2006)。热惯量与土壤水分之间存在一定的理论基础,可以根据能量平衡方程来估算土壤水分,其物理模型复杂,利用回归函数进行反演(张霄羽 等,2008)。

在近几年光学遥感反演土壤水分研究中,可见光-近红外常与热红外波段进行融合分析。可见光-近红外波段反映地表植被生长状况,热红外波段的光谱特性可以通过能量平衡与土壤水分建立理论模型。根据不同波段特性产生了一些融合方法,一是上述提到的温度-植被指数空间的融合方法(田苗 等,2010),二是蒸散与作物缺水指数融合法(虞文丹 等,2015),三是生长季植被供水指数与热红外波段结合(除多 等,2016),四是通过角度指数来修正 MODIS 数据近红外与两个热红外光谱之间的关系(于君明 等,2009)。

利用高光谱技术反演土壤水分可以分为两种类型,一种是采用土壤采样的方法,分别获取土壤含水量和土壤反射光谱,通过经验模型建立土壤水分与光谱反射之间的关系,同时还可以用来分析土壤含水量与有机质、氮磷元素等含量的影响(贾继堂 等,2013)。另一种是利用高光谱影像实现土壤水分的分布制图。由于高光谱数据含有丰富的光谱信息,混合光谱分解是目前高光谱研究中的热点和难点,也引入了土壤水分反演的研究中(蔡亮红 等,2018)。

1.2.2.2 微波遥感反演方法

对比光学遥感,微波遥感波长较长,具有全天候、全天时、穿透能力强的特点,不受云层、大气的影响。微波传感器接收到的地表发射的辐射亮温或地表反射的后向散射系数与土壤介电常数存在较高的相关性,而土壤水分与土壤介电常数直接相关,这是被动和主动反演土壤水分的物理基础。微波遥感反演方法主要分为主动微波(有源)、被动微波(无源)两种。

主动微波遥感主要是通过发射脉冲并经过地物反射后获取地表的后向散射系数分析地物的散射特性。合成孔径雷达(synthetic aperture radar, SAR)是主动微波遥感中监测土壤水分的主要手段,其具有更高的空间分辨率,可以获取较大范围更为精细尺度上的土壤水分含量信息。SAR 可以探测 5 cm 左右的地表深度,利用其多频率、多极化、多角度、可变工作模式的雷达数据在很大程度上可以提高土壤水分含量反演的准确性和可靠性。星载 SAR 不断从低分辨率、单波段、单极化、固定视角、单一工作模式向高分辨率、多波段、多极化、多视角、多工作模式转变。其优势主要体现在:L、C、X 频段多波段能体现不同的散射特性,进而得到更多独立信息;时空分辨率和扫描幅宽的提高能够获得更大范围更为精细尺度的土壤水分信息,不同极化方式下目标的不同散射特性丰富了回波信息,增强了土壤信息的获取能力;单一卫星向卫星星座的转化,提高了时间分辨率和持续覆盖周期即重访周期(李俐 等,2015)。

与主动微波遥感相比,被动微波反演土壤水分研究开展较早,技术和算法相对更加成熟一些。被动微波遥感具有较高的时间分辨率,其监测土壤水分,主要依赖于微波辐射计对土壤本身辐射的微波辐射能量(亮度温度)进行测量,而且根据辐射定律(基尔霍夫辐射定律),被动微波辐射计探测到的微波辐射能量(亮度温度)与土壤物理温度成一定比例关系,该比例称为发射率(辐射率),主要受土壤水分含量的影响,随土壤水分增加而降低。研究发现,土壤的亮度温度同样受到植被、雪覆盖、地形以及地表粗糙度的影响(Wigneron et al.,2003)。目前基于被动微波的土壤水分研究方法可分为三类:统计法、正向模型法和神经网络法。

在反演土壤水分方面,主动微波算法的精度要高于光学算法以及被动微波算法,但是对植被和地表粗糙度极其敏感。光学遥感具有较高的空间和时间分辨率,在监测连续变化方面有更大优势,但是常受天气的影响。被动微波具有较高的时间分辨率,且每天都能提供土壤水分数据,对植被和地表粗糙度的敏感性相对较低,但是空间分辨率低。结合不同传感器适应的算法可以弥补单一传感器算法的不足。

主动被动微波联合反演土壤水分能取得非常好的效果(Njoku et al.,1999),如 SMAP 土壤水分产品,其融合了同一传感器平台的主动微波传感器获得的 3 km 数据和被动微波传感器获得的 36 km 数据,得到 9 km 数据。SMAP 土壤水分产品融合都是基于 L 波段,但这种方式并不一定适合所有情况的土壤水分反演,有时需要来自不同传感器平台主动被动微波数据联合反演(Li Q et al.,2011)。目前,分为两类主被动微波联合反演方法。

一是在土壤水分反演过程中,主动微波后向散射系数和被动微波亮度温度同为反演模型中的参量,共同对土壤水分进行反演。Lee 等(2004)利用 TRMM 卫星被动微波成像仪 TMI 的 10.7 频段的亮度温度与 TRMM 卫星降雨雷达 PR 的 13.8 频段的后向散射强度数据,基于主动微波的水云模型和被动微波的 $\tau-\omega$ 模型,建立了前向模型,通过最小代价函数进行迭代得到土壤水分和叶面积指数。杨丽娟等(2011)也开展了 TRMM 卫星主被动微波数据的土壤水分反演研究。还有一些研究主要是通过主动微波数据反演出被动微波模型中需要标定的参数,如作物冠层透过率、单次反照率和地表粗糙度,进而结合被动微波亮温数据实现协同反演土壤水分(Chauhan,1997;O'Neill et al.,1996)。

二是在土壤水分反演过程中,以被动微波遥感为主而主动微波遥感为辅,充分利用被动微波土壤水分高精度反演的优势和主动微波高空间分辨率的特性,实现高空间分辨率、高精度的土壤水分反演。该算法通过主动微波数据实现被动微波的降尺度,又称为被动微波降尺度算法。其降尺度思路有两类:一类是利用主动微波数据对被动微波土壤水分产品进行降尺度,二类是利用主动微波对被动微波亮度温度进行降尺度。

1.2.2.3 多源遥感数据联合反演方法

为了校正由植被引起的后向散射不确定性,在植被覆盖地表,一般会进行土壤水分的同步实验去测量植被含水量、叶面积指数等植被相关参数。在早期研究中,一般将散射模型中的植被参数用经验值定值取代。这样的做法,一定程度上可以削减植被影响,但是费时费力、经济成本高,且受人为因素较高。因此,常采用光学数据辅助的方法来获取植被参数,并以此来估计植被的散射和衰减特性,达到消除植被影响的目的。目前,针对植被覆盖地表,常常研究的是农田等稀疏低矮植被覆盖地表,对于植被在后向散射稀疏中的贡献,常采用简化的 MIMICS 模型和水云模型进行消除。余凡等(2010)基于 ASAR 和 TM 数据提出一种适合于农田的植被覆盖地表的半经验模型。该模型简化了 MIMICS 模型,减少了模型的输入参数,同时将 PROSAIL 模型反演的叶面积指数 LAI 作为输入,并对雷达阴影做了校正,反演出的结果精度较 MIMICS 模型的高。此外,在农作物覆盖地表,也常使用水云模型,它将其中的植被散射贡献部分利用光学遥感数据获取到植被参数(NDVI、LAI)来校正植被影响,其形式简单,因而应用广泛。He 等(2014)基于水云模型和 IEM 模型,结合全极化 Radarsat-2 数据,构建了适合草原地表的土壤水分反演方法,可以应用到稀疏、稠密植被覆盖区域。

1.2.3 基于陆面同化系统的地表土壤水分模拟

数据同化方法是试图将不同时空分辨率、不同观测数据(遥感观测和常规地面观测)和陆面模式,通过一定的同化约束方法,得到一定程度上更为客观一致的目标数据。其核心思想是将具有不同时空分辨率的观测数据与陆面数值模式结合从而优化数值预报的初始条件和模式参数,以降低模式初值误差并提高其预报准确度。在土壤水分的研究中,非遥感方法的陆面模式能够模拟出土壤水分、土壤蒸发等参量,但是精度很低。其后为了提高模型精度和增强模拟准确性,发展了一种有效方法——数据同化,其是将遥感上的土壤水分产品(AMSR、SMOS 等等)同化到各种陆面模式(SiB2、Noah 模型等)中。按照这种方法,国内外发展了一系列数据同化系统:全球陆面数据同化系统(GLDAS)、中国气象局陆面数据同化系统(CLDAS)等。另一方面,遥感技术所反演的均是表层的土壤水分,利用数据同化,即输入至相关模型,可获得根区土壤水分。

1.2.4 基于融合技术和算法改进的地表土壤水分监测

1.2.4.1 数据融合及降尺度

被动微波遥感器的空间分辨率低(25~50 km),能够适用于全球及大尺度下土壤水分的监测,不能满足小尺度或小区域范围对高分辨率土壤水分监测的需求(Das et al.,2015)。在实际应用中,地表蒸散发模型、陆面过程模型以及水文模型等需要 10 km 甚至更高分辨率的土壤水分作为驱动数据,所以对土壤水分的降尺度很有必要,而且降尺度数据能够更好地研究地面验证数据与遥感产品的匹配情况。土壤水分降尺度研究主要是因为空间分辨率太低,为了满足实际需要,发展出了被动微波联合光学数据(NDVI、地表温度、TVDI 等植被指数)、主被动微波联合的降尺度融合算法以及构建基于不同传感器数据的长时间序列土壤水分产品。GNSS-R 技术发展的土壤水分产品,如 CYGNSS 的产品,在时间分辨率上,有关研究将 CYGNSS 数据对 SMAP 数据进行融合,扩宽了 SMAP 的时间序列,即每日都有土壤水分值;在空间分辨率上,利用 CYGNSS 数据改善 SMAP 数据产品的精度;基于实测数据和 GNSS-R 成熟产品利用 GRNN 机器学习方法实现 SMAP 数据质量的提升。

1.2.4.2 GNSS-R

GNSS-R 遥感是 20 世纪 90 年代发展起来的一项新技术。之前对于 GNSS-R 遥感反演土壤水分的可行性研究平台主要是基于机载和地基。基于此,学者进行了大量的研究,如将遥感领域的微波遥感反演土壤水分建立的相关模型(OH 模型、MIMICS 模型等)应用到了 GNSS-R 反演土壤水分方法中;在对植被影响进行校正的研究中,用到光学遥感的植被指数进行辅助校正等。随着地基和机载研究的逐渐成熟,且被证实在卫星上也能接收到反射信号,2014 年英国发射了 TechDemonsat-1 卫星,它搭载的 GNSS-R 接收机与以往不同,能够实时生成 GNSS-R观测值即时延-多普勒相关功率波形 DDM,便正式开始了基于天基的土壤水分反演研究。随后,美国于 2016 年发射了 CYGNSS 卫星,以 CYGNSS 星座观测数据为基础,为证实具有土壤水分的反演潜力,学者们展开了 CYGNSS 观测值与土壤水分敏感性和应用性研究以及遥感土壤水分产品 SMAP 的对比性研究。迄今为止,CYGNSS 基于 SMAP 数据发展了一种土壤水分算法,它是利用 SMAP 数据与 CYGNSS 数据的高相关性建立了线性模型,进而得到 CYG-NSS 土壤水分产品,但是其精度还不太稳定。基于天基的算法还有很大的发展空间。此外,GNSS-IR 技术是一项地基的单天线模式遥感,是在 2008 年开始发展的,目前也还在不断成熟中。

1.2.4.3　基于不同传感器反演算法的改进

关于定量土壤水分的反演,单一传感器进行土壤水分反演有很大的局限性、研究很少,都是结合多传感器数据共同反演。涉及主动微波定量反演研究中,研究对象主要是农田、小麦等低矮植被区域;对于森林等高大植被地表,已有的植被散射模型还不能有效的模拟其散射机制,成为重难点之一。

第2章 土壤水分地面观测

本章首先对传统和新兴的土壤水分观测手段及其优缺点进行了归纳总结;其次,结合我国气象部门土壤水分测量业务,分析了我国自主研制的 TDR 观测仪器在土壤水分自动观测业务中的应用情况;最后,结合我国土壤水分观测业务现状,为后续土壤水分测量技术发展及业务建设提出了参考建议。

2.1 土壤水分形态与表示方法

2.1.1 土壤水分形态分类

土壤中的水分或者被吸附在土粒表面,或者处在孔隙中,并且和外界的水一样,也以固态、液态、气(汽)态三种形态存在。由于土壤的颗粒大小、形状和孔隙度等不一样,以及水分含量的多少不同,土壤水分便表现出不同的性质。

土壤水分在不同状态下表现出的性质是大不相同的。进行土壤水分分类,弄清水分在土壤中的形态、作用,从而对其进行调节控制,对土壤改良和农业生产有着重要意义。但是,由于土壤是非均一的多孔介质,对土壤水分的吸附、保持或转移等现象,还有很多方面尚未弄清楚;再者,由于研究土壤水分和用水的目的不同,所涉及的面也很广,故对土壤水分进行分类比较困难,这里仅介绍一种通用的土壤水分分类法。

土壤水分在不同状态下表现出的性质是大不相同的。土壤水分从形态上,大致分为化学结合水、吸湿水和自由水三类。

(1)化学结合水:在 600～700 ℃温度下才能脱离土粒。

(2)吸湿水:是土粒表面分子力所吸附的极薄水层,须在 105～110 ℃的温度下转变为气态,才能脱离土粒表面分子力的吸附而失去。

(3)自由水:可以在土壤颗粒的孔隙中移动。自由水又可分为:①膜状水:吸湿水的外层所吸附的极薄一层水膜的水分称为膜状水。它呈液态状,受土粒表面分子力的束缚,仅能作极缓慢的移动。②毛管悬着水:由毛管力所保持在土壤层中的水分称为毛管悬着水。它与地下水和土层与土层之间的悬着水无水压上的联系,但能作足够快的移动,以供植物生长吸收。③毛管支持水:地下水随毛管上升而被毛管力所保持在土壤中的水分称为毛管支持水。毛管支持水之间以及地下水有水压上的联系。④重力水:受重力作用而下渗的土壤水称为重力水。重力水只能短时间存于土壤中,随着时间的延长,它将会逐渐下降,补充到地下水。

2.1.2 土壤水分表示方法

一般所说的土壤水分,实际上是指用烘干法在 105～110 ℃温度下能从土壤中被驱逐出来的水。土壤水分含量即土壤含水量,它是指土壤中所含有的水分的数量。土壤含水量可以用不同的方法表示,最常用的表示方法有以下几种:

(1)以占干土重量的百分数表示的质量含水量 $w(\%)$,即土壤中实际所含的水量($W_水$)占干土重量($W_土$)的百分数:

$$w = \frac{W_水}{W_土} \tag{2.1}$$

(2)以占土壤体积的百分数表示的容积含水量 $\theta(\%)$,也有的叫体积含水量,是指土壤中水的容积($V_水$)占土壤容积($V_土$)的百分数:

$$\theta = \frac{V_水}{V_土} \tag{2.2}$$

(3)以占田间持水量的百分数表示的土壤相对湿度 $\beta(\%)$,即土壤的质量含水量 $w(\%)$ 占该土壤田间持水量 $w_田(\%)$ 的百分数:

$$\beta = \frac{w}{w_田} \tag{2.3}$$

土壤含水量应用的目的不同,选择的表示方法也不一样。如质量含水量表示方法简单易行,并且有足够的精度,是使用最广泛、最主要和最基本的方法,也是其他土壤含水量表示方法或其与之对比的基础。容积含水量常用于一些土壤水分的理论和土壤结构关系的研究。土壤相对湿度常用于农业旱情评价和指导灌溉的水分指标等。土壤含水量的表示方式,也可根据需要进行互换。

土壤质量含水量与体积含水量的转换关系如下:

$$\theta = w \times \rho \tag{2.4}$$

式中,ρ 为土壤密度(g/cm³)。

2.2　土壤水分测量方法

研究人员使用多种方法测量土壤含水量(体积和重量),无论是在实验室还是现场测量,都可分为传统方法和现代方法。传统土壤水分测量方法包括热重法和碳化钙测量法(Robinson et al.,2008)。现代方法使用土壤电阻率传感器(Zazueta et al.,1994)、张力计(Wagner et al.,2009)、红外水分平衡(Terhoeven-Urselmans et al.,2008)、介电常数法包括时域反射法(TDR)、频域反射法(FDR)和电容法(Mittelbach et al.,2012;Schwartz et al.,2008)、热流土壤水分传感器(Tarara et al.,1997)、微型机电系统和光学方法(Sayde et al.,2010)。传统方法和现代方法都在测量值的准确度、精密度、覆盖范围和体积的测量等方面存在不确定性。

2.2.1　土壤水分传统测量方法

传统土壤水分测量使用蒸发或化学反应将水分从土壤样本中分离,分为热重法和碳化钙法。热重(烘干)法被广泛应用于测量土壤含水量,并被用于测量土壤含水量的标准。湿土壤样本(通常少于100 g)通过在105 ℃烘干24 h,记录干土重量,对于有机质土壤和含有石膏的土壤,温度通常降低到50～70 ℃,避免有机物在高温状态下挥发流失。此方法能保证准确测量含水量,并且不受盐度和土壤类型的影响。然而,这是种破坏性实验,土壤样本经过烘干后土壤结构遭到破坏,无法重复测量。Hillel(2013)认为烘干法本身是主观的,因为即使经过

105 ℃的烘干,一些泥土中可能仍含有水分。同时,一些有机物在这个温度下可能氧化和分解,因此重量减少不一定全部由水分蒸发导致。但作者也提出,通过增加样本数并在站址采样时将干扰最小化,可以降低这种误差。

碳化钙测量法是一种快速测量土壤水分的方法,既可以在实验室进行又可以在农田中进行(Terhoeven-Urselmans et al. ,2008)。对于指定的湿润土壤,通过碳化钙试剂与土壤中水分发生化学反应,产生气压,通过该气压得到土壤含水量。产生的乙炔气与土壤中的有效水分成正比,在气密室中对生成的气体进行测量,含水量通过压力计装置测得的气压获得,使用土壤重量含水量进行标校。高塑性黏性土或其他不易碎的土壤可能无法产生代表性结果,因为一部分水分可能被限制在土块中,无法与试剂接触。此外,20 g 样本需要大约 22 g 试剂,对实验人员的操作水平有较高要求。

2.2.2　土壤水分现代测量方法

现代土壤水分测量方法利用土壤的电学特性(介电常数、阻抗、电容和土壤电阻率)、土壤水分电势、红外线和放射技术(如中子法)、伽马衰减和光学方法。这些方法中,除红外波以外,其他方法均可用于实验室和现场测定水分含量。红外水分平衡方法基于电平衡和红外线加热技术来确定土壤中的水分含量,它装有高性能集成微处理器,可实现高精度、可靠和快速(15～20 min)地测量土壤含水量。这种设备的主要局限性体现在样本重量很小(2～5 g)、仪器成本高且只能用于实验室测量(Robinson et al. ,2008)。

2.2.2.1　中子法

中子湿度计采用中子散射方法(Jayawardane et al. ,1984),在估计土壤水分含量方面通用性较好,中子湿度计采用一个快中子源(平均能量 5 MeV)和一个慢中子探测器(25 ℃时约为0.025 eV)。放射源发出的快中子(高能量)与土壤中的氢原子核碰撞被热化或减速,由于土壤中大部分氢原子来自水分子,所以热化的中子比例与土壤含水量有关(Amoozegar et al. ,1989;Elder et al. ,1994)。尽管源强度相当小(0.37 或 1.85 千兆贝可)且放射源是封闭的,仍需要考虑这些源的放射性,进行必要的安全性培训,并对其运输和处理进行监控和管理。中子湿度计可用于表面仪和廓线仪。前者平放于土壤表面上;而后者由一个圆柱形探头通过一根电缆连接到一个机箱,包含电源、显示器、键盘和微处理器。探头通过一根管子插入土壤中采集数据,机箱留在地面。停用时,将探头锁在机箱里,机箱具有高密度塑料防护罩。

这种方法非常迅速,响应时间为 1～2 min,能够测量大体积的土壤,并能观测多个不同深度从而获得一条湿度分布廓线。中子湿度计被认为是测量土壤含水量最精确的方法,同时,它是一种非破坏性试验并可以测量任意相态的水分。主要缺点是设备的基本建设费高,空间分辨率低,放射物危害人体健康,在接近土壤表面至小于 0.3 m 的浅层不敏感,同时设备移动非常困难(Zazueta et al. ,1994)。

2.2.2.2　伽马射线衰减法

伽马射线衰减法是一种放射性方法,能用于测量土壤含水量,测量土壤深度仅限于25 mm以内。伽马射线的散射和吸收与其路径上物质的密度有关,当土壤中水分增加或减少导致土壤饱和密度变化时,伽马透射技术测得饱和密度的变化,从而得到水分含量。这是一种非破坏性现场测量体积含水量的方法,响应时间约小于 1 min,伽马射线衰减法对表层土壤水分敏感。但是伽马射线比中子湿度计更加危险,其运营成本也较高(Zazueta et al. ,1994)。

2.2.2.3　介电常数法

介电常数法主要包括时域反射法(TDR)、电容法和频域反射法(FDR),它们利用土壤的介电特性测量土壤水分含量。干土和纯水之间的介电常数差别巨大,干土为2~5,纯水为81(Arulanandan,1991)。TDR和FDR测量介电常数几乎不受温度影响,因此对浅层土壤水分的测量更加准确(Hilhorst,2000)。

(1)时域反射法

Giese等(1975)证实,通过收集TDR信号,能够测量土壤电导率,并将TDR信号的反射系数与土壤的电导率相关联。TDR最主要的优点是高时间分辨率,采样迅速(约28 s)并可以重复测量,这种方法与土壤质地、温度和盐度无关,适合应用于长期的现场测量并能自动化(Noborio,2001);TDR能够应用于移动平台,比如拖拉机、越野车和自适应喷雾机,大部分移动TDR设备应用于农业实践,具有更好的空间覆盖率,能够测量0.3~0.6 m深度的土壤含水量。主要缺点为基本建设费高,在高盐碱土中会影响反射,在湿润土体中使电导率增加,相比较而言,在干盐碱土壤中比在湿盐碱土壤中能得到更好的波形。

Topp等(1980)研究表明,复数介电常数的实部与频率无关,但对土壤含水量十分敏感。还发现质地、结构、可溶性盐、水分含量、温度、密度和测量频率等参数都影响土壤的电学响应。然而,当频率在1 MHz ~1 GHz这个范围时,介电常数的实部与频率和温度无关。但这些研究也存在局限性,即介电常数被假设为与盐度/污染物无关。Topp等(1982)在实验室中应用TDR对一个1 m高的粉质壤土柱进行研究,发现TDR适用于渗透、排水、蒸发和水分增加等状态。作者还对比研究了TDR测量体积含水量和重量含水量,结果显示差异小于3%。研究者还证实,随着时间的推移,土壤密度的变化影响TDR对土壤水分的测量。Kelleners等(2004)提出,TDR和电容法这类使用电磁波的方法可实现自动采集数据和无人值守。但是作者也指出这些方法在精度和准确度方面存在不确定性。Pepin等(1995)发现,TDR测量土壤含水量的主要误差来源是传播时间的测定。黏土或者盐碱土的高土壤电导率也显著影响波形的传播,这导致对介电常数实部的错误估计。Rohini等(2004)尝试使用一个阻抗单元和TDR探头,并根据已知的物理性质如干密度和水分含量,来测量土体的电特性(电阻率、电容和介电常数),结果显示TDR探头可用于测定土体的干密度、饱和度和孔隙率。Yu等(2006)开展研究计算探头周边土壤性质的变化对土壤含水量测量的影响,使用约束优化方法进行反演分析来测定土壤层属性,得到一个简化的介电模型用于无黏性土,但并未阐明这个模型对黏性土壤的适用性,因此无法保证这个模型适用于黏性土壤。Bhat等(2007)研究表明,土壤的介电常数与土壤类型(粗粒性分布或细粒性分布)、矿物学特征体积含水量和用于测量的交流电频率有关。研究者致力于克服先前研究者提出的局限性,即土壤的介电常数与土壤的密度、孔隙率等物理性质有关,并提出了一个广义公式,可用于任何频率范围,且能有效测定任何类型土壤的介电常数。

Hilhorst(2000)指出多孔土壤成分的变化会导致介电常数的变化,即测得的介电常数包含了不同成分的介电常数的影响,并提出了一个新的理论混合公式,应用电场叠加原理,将测得的介电常数作为不同成分介电常数和考虑接触面电场折射的去极化因子的加权平均。作者使用细沙和玻璃粉对公式进行评估,去极化因子从对玻璃粉和土壤的直接测量中得到。预测的细沙和玻璃粉的校准曲线与测量结果基本一致,该公式可以修正未考虑的孔隙率。Schwartz等(2008)发现,使用TDR较难计算大范围(大于10 m)的水分二维分布,因为安装困难且仅适用于小范围测量。他们提出一个新模式,将电阻率成像与 TDR 水分测量进行耦合,从具有多种土壤的农田站点得到相关的物理化学数据,再将相关的物理化学数据进行合并。应用这个耦合模式将农田的二维电阻率成像廓线转换为二维水分廓线。作者认为该模式可用于所有需要对二维土壤水分分布进行定量评估的农田站点,该模式适用于多样化土壤,还可以观测到地下土壤小规模的土壤水分变化。但作者也指出,该模式无法分辨规模小于 0.1 m 的不均匀土壤。Lin 等(2008)指出,TDR 方法不适用于测量与频率相关的土壤电学特性。Mittel-bach 等(2012)在粘壤土站点上,使用三支低成本土壤水分传感器与一支高成本高精度的土壤水分传感器进行了为期两年的对比研究,基于每日的土壤体积含水量和温度数据来评估这些传感器。结果显示,参与评估的低成本传感器表现并不一致,或表现为对特定土壤水分条件不灵敏,或表现为与土壤温度存在虚假相关,作者认为低成本土壤水分传感器若要得到较高的测量精度,定点标校是至关重要的。

(2)电容法和频域反射法

电容法基于一个振荡电路和一个插入土壤中的传感元件测量土壤含水量的方法。工作频率取决于土壤的介电常数,该方法通过测量使用某种介质作为电容的充电时间来测定该介质的介电常数(Whalley et al.,1992)。电容传感器由一对使用土壤作为电介质的电极组成电容,该电容与振荡电路组成一个调谐电路,当工作频率(10~150 MHz)发生变化时,测得土壤含水量发生变化。FDR 的工作原理与电容法相似,但 FDR 应用扫频(在大频率范围内收集数据)。两种方法都与土壤特性有关,因此需要在应用过程中进行频繁的标校。两种方法所用设备的基本建设费低于 TDR。Seyfried 等(2005)发现,试验结果得到的校准关系与设备厂商提供的校准关系不匹配。研究表明,复数介电常数与温度相关,尤其是虚部比实部对温度更敏感,从而影响测得的土壤水分。Lin 等(2008)发现,频域反射法可以通过增加频带宽度从而提高土壤水分测量的精度,并认为频域反射法比时域反射法更有潜力。Rao 等(2011)对比了 TDR 和 FDR 方法,研究表明,在土壤体积含水量小于 5% 时,FDR 探头的测量重复性较好,它对较干土壤的体积含水量测量更敏感,但 FDR 对土壤、套管和探头中间存在的空气敏感,会导致错误的测量结果。

2.2.2.4 阻抗传感器

阻抗传感器由同轴电阻介质反射计探头组成,测量土壤介电常数应用经验公式得到水分含量,它使用振荡器(100 MHz 正弦波振荡器)产生电磁信号,在土壤中传播。一部分电磁信号被土壤反射,传感器测量入射信号和反射信号的振幅,并与阻抗和介电常数相关联,得出土壤含水量(Rinaldi et al.,1999)。但是这种设备对农田的适用性尚不明确。

2.2.2.5 土壤电阻率传感器

土壤电阻率随着土壤含水量的增加而减小,土壤电阻率可以被定量测量。估计基质势最常用的一种方法是应用多孔块,包含两个连接到电缆上的电极。多孔块由石膏、玻璃纤维、陶瓷或尼龙制作而成。将设备埋入土壤,水分会进出多孔块直至块体内外基质势一致,使用电缆上的仪表测量两个电极之间的电阻,2~3 h 内,可以得到任意指定土壤的电阻与土壤含水量之间的校准曲线。该方法的优点是低成本,并且可以贯穿整个季节在田地里的相同位置进行测量。石膏块适用于细结构土壤,不适用于粗结构土壤,因为一般情况下石膏块在低于 1 个大气压时不灵敏,主要缺点是需要进行校准并且对盐碱土无效(Zazueta et al.,1994)。

2.2.2.6　散热块法

散热块由多孔陶瓷材料制作而成,内嵌一个小加热器,将多孔块插入土壤并通过电缆与一个位于表面的温度传感器相连,给内置加热器一个工作电压,测量加热器散发的热量,测得的热量与土壤含水量和土壤张力有关。但这种方法需要标校,且价格较贵(Noborio et al.,1996)。

2.2.2.7　热流传感器法

双探头热脉冲传感器方法由线热源和温度传感器两个探头组成,测量土壤体积含水量。给线热源一个瞬时热脉冲,测量热脉冲所提升的温度,在线热源较短距离内测量的温度增加量与土壤体积热容量成反比,与体积含水量成正比。

Tarara 等(1997)使用双探头热容传感器在实验室与田间测量体积含水量 θ。双探头测量体积热容量 ρc_p,其中 ρ 为土壤体积密度,c_p 为土壤比热。在土壤不膨胀且体积密度已知的条件下,使用瞬时热脉冲和温度转换为体积含水量。Cao 等(2016)对两种基于加热电缆的土壤含水量测量方法,碳纤维加热电缆(CFHC)和金属网加热电缆(MNHC),进行了对比研究,结果表明,两种方法都具有很高的灵敏度,MNHC 比 CFHC 在轴向上有更好的均匀性,受热更均一,CFHC 更适合应用于测量中短距离(≤500 m)的土壤含水量,而 MNHC 更适合应用于长距离(>500 m)测量。

2.2.2.8　张力计法

张力计法直接测量土壤的基质势,它由填满水分的多孔陶瓷杯组成,可以埋在土壤的任意深度。陶瓷杯与一个装满水的密闭管相连,再通过真空管与真空计相连。将张力计埋进土壤,多孔杯中的水分与土壤接触,并与土壤中的水分趋于平衡,张力计中水分的减少导致张力计中液体静压力的减小,通过真空计测量。张力计的主要缺点是它的作用范围为 0~1 个标准大气压,只是有效水分整个范围的一小部分,不适用于非常干燥的土壤。虽然张力计便宜并易于安装,但它需要经常维护。

2.2.2.9　探地雷达(GPR)

探地雷达使用高频(1 MHz~1 GHz)电磁波在地下传输和反射,该方法能测量地下矿物质的介电常数。电波从发射源穿过顶端土壤层,最后到达接收天线,GPR 测量电波的传播时间,它与介电常数相关。这是种高分辨率、非破坏性的测量方法,可用于估计大区域地表和地下介电特性的变化。缺点是 GPR 对用户专业性要求非常高,以保证得到有效应用并获得高质量数据。此外,GPR 在盐碱土中结果不好,因其电导率大于 1 dS/m,会发生信号衰减。

2.2.2.10　微机电系统(MEMS)

基于纳米技术的微机电系统由微传感器、纳米传感器和执行器组成,能够通过微电路控制来观测周边环境。MEMS 由悬臂梁和微传感器组成,微传感器包含纳米聚合物敏感元件和电桥压敏电路。应用纳米电阻器对剪应力和应力的敏感性,可以测量到悬臂表面的变化。MEMS 悬臂上表面装有可扩展的薄膜和纳米水蒸气聚合物薄膜,当水分子接触到这层薄膜,悬臂向下弯曲并扩展,直至悬臂梁的应力与水分子诱发薄膜产生的应力相平衡,产生的切向约束使悬臂梁发生形变,这种形变被内嵌式应变计中的电阻测得,得到的电压与剪应力和水分子浓度成线性正相关。温度通过集成的温度传感器芯片测得。Jackson 等(2008)使用基于低成本纳米技术的设备即 MEMS 在田地测量土壤水分,并进行了理论分析和实验性研究,研究发现,水分导致的传感器电阻变化量主要取决于悬臂梁的厚度和弹性系数及水分的量,作者认为MEMS 的灵敏度只受悬臂梁的厚度和刚度影响,而与悬臂长度和悬臂/聚合物界面上的剪应力无关。然而,这种设备的实际应用和 MEMS 对不同土壤成分的响应情况尚待研究。

2.2.2.11　光学法

光学法基于经过土壤的入射和反射光特征的变化,该方法使用偏振光、光纤传感器和近红外传感器(Alessi et al. ,1986;Kaleita et al. ,2005;Robinson et al. ,2008;Sayde et al. ,2010;Zazueta et al. ,1994)。

(1)偏振光法

偏振光法基于反射面上存在的水分导致反射光束的偏振。一束单色光源对准土壤表面,反射光通过偏振片射到光电管上。随着偏振片的转动,形成水平和垂直偏振信号,并由光电管测量。测得两种偏振光的百分比,并与土壤含水量相关。这种方法的标校受土壤类型和土壤表面粗糙度的影响(Alessi et al. ,1986;Kaleita et al. ,2005)。

(2)光纤传感器法

将光纤嵌入土壤中,光衰减随着土壤水分量的变化而变化,光波的折射率和临界角随着土壤含水量改变(Kaleita et al. ,2005)。

(3)近红外光法

近红外光谱中有数个水分吸收带,最强的吸收带波长分别为 1450、1940 和 2950 nm。因此,近红外法可用于检测土壤含水量,该方法依赖于表层水分子对不同波长的吸收。研究人员(Clevers et al. ,2008;Eitel et al. ,2006;Sims et al. ,2003)指出,近红外区(NIR)反射光谱的变化,取决于目标的吸水性,并与水分含量测定、水应力检测和冠层水分测定有关。该方法为非接触式且快速测量水分的方法。但是,其结果依赖于土壤表面的特征。此外,植被冠层也制约着近红外光的反射,从而影响测量的准确性。

Alwis 等(2013)对光纤传感器测量湿度和水分进行了综述,指出了这些传感器的优点,与其他电子传感器相比,它可以屏蔽电磁干扰,重量轻,可重复使用,耐热性好且可用于遥感观测。但是对多种类型的土壤含水量测量、不同种类土壤特性、土壤水分廓线、使用寿命和与温度的相关关系等都有待进一步研究。

2.2.3　不同土壤水分测量方法适用性分析

综上所述,研究人员使用多种方法来测量土壤含水量,传统方法与现代方法在精度和适用性上有所不同。表 2.1 给出了传统方法中的烘干称重法和现代方法中被广泛应用的中子法、时域反射法、频域反射法和电容法的代表性参数。

表 2.1　目前主要土壤水分测量方法的规格参数(% 为体积含水量的单位)

名称	精度	重复性	灵敏度	响应时间	适用性	可操作性
烘干法	±0.01 g(100 g 样本)	无法重复	±1.5 ℃	24 h	实验室	无害、便宜
中子法	±0.001～±0.002(%)	±0.01～±0.03(%)	±0.011～±4(%)	1～2 min	现场	有害、昂贵
TDR	±0.01～±0.02(%)	±0.2～±0.3(%)	±1～±3(%)	0～30 s	现场/实验室	无害、昂贵
FDR	±0.025(%)	±0.3～±0.4(%)	±1～±3(%)	瞬时	现场/实验室	无害、便宜
电容法	±1～±3(%)	±0.2～±0.3(%)	±1～±3(%)	瞬时	现场/实验室	无害、便宜

可见,传统方法(烘干称重法)在排除采样干扰的情况下比现代方法(中子法除外)精度略高,传统方法中的烘干称重法目前仍作为标准方法,来标定其他测量方法,操作过程对人体无害,且造价便宜;然而,传统方法作为一种破坏性试验,局限性也十分显著,主要表现在无法对样本进行重复测量,同时操作过程复杂,样本只能在实验室进行测量,且观测响应时间过长。现代方法在测量精度上已经与传统方法差距不大,中子法甚至已经超越烘干法,其优越性主要表现在无论在现场还是在实验室,都可以实现重复测量,且响应时间短,操作过程同样无害(中子法除外),从而易于实现自动化观测;仅在造价上较高。相比较而言,现代方法的优越性是显而易见的,现代方法不仅缩短了观测时间,也减轻了业务人员的工作强度,更加适应当前气象事业发展的需要。

时域反射法、频域反射法和电容法被认为是可靠的,并在国际上得到广泛应用。但目前没有一个能够完全精准测量土壤含水量的方法,比如时域反射法和频域反射法,其计算公式对土壤的孔隙率、孔隙液特性、饱和度和矿物质百分比不敏感(Bhat et al.,2007)。介电常数法的设备安装较为困难,因为探头需要与土壤完全接触,探头周围任何空隙或土壤的过度压实都会显著影响土壤水分测量结果。同时,土壤的介电响应受土壤中含有有机物和盐分的影响,若要做到精准测量,需进一步研究介电法对不同特性(物理、化学和矿物学属性)的土壤和不同类型水分含量(吸湿水、自由/重力水和结合/毛细管水等)的适用性。

2.3 自动土壤水分观测网

2.3.1 自动土壤水分观测网建设

中国气象局通过多次考核定型了自动土壤水分观测仪器,并开展了自动土壤水分观测网的建设工作,自动土壤水分观测网就是为了在气候变化背景下,提高农业干旱监测和预警的业务和科研水平而建设。

气象部门采用传统的人工烘干称重监测土壤水分的方法,在每旬第八天观测一次,每月观测3次,这种人工观测的频率和效率已经远远不能满足决策部门和公众对干旱监测的需求。近年来,中国气象局为了提高农业干旱监测和预警的业务和科研水平,建设了自动土壤水分观测网,截止到2015年5月底,全国业务化运行的自动土壤水分站达到2075个(图2.1)。

自动土壤水分观测站主要监测8个层次的4个土壤水分要素。8个层次分别为:0～10、10～20、20～30、30～40、40～50、50～60、70～80和90～100 cm;4个要素包括土壤体积含水量(soil volumetric water content,SWC)、土壤相对湿度(soil relative humidity,SRH)、土壤重量含水率(soil mass content,SMC)、土壤有效水分贮存量(soil water available,SWA)等数据。观测仪分别由上海长望气象科技有限公司(DZN1)、河南气象科学研究所与中电集团第27研究所(DZN2)、中国华云技术开发公司(DZN3)生产。3种型号的仪器都是根据频域反射法原理研制的,由传感器、采集器、无线模块通信和系统电源4部分组成,其中DZN1型采用驻波率法,安装方式为埋设式,传感器与土壤直接接触,DZN2和DZN3型采用电容法,安装方式为插管式,传感器非直接接触土壤。

自动土壤水分数据每天每小时上传逐小时资料,监测频次由原来人工1个月监测3次(每旬逢8日)提高为目前1 h 1条土壤湿度数据,具有实时性及连续性强、获取方便、节省人力等

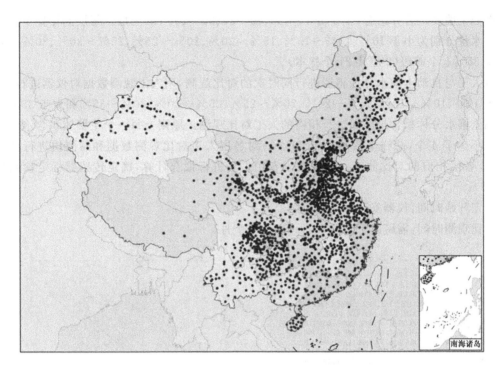

图 2.1　全国业务化运行的自动土壤水分观测站分布图

特点,并且随着气象部门自动土壤水分观测网的建立,将逐步取代人工观测。

2.3.2　仪器标定

仪器采用室内标定和田间标定。

采用田间土样,以标准容器制作土体,控制水量获得不同土壤湿度,传感器与人工对比观测,进行标定(图 2.2)。

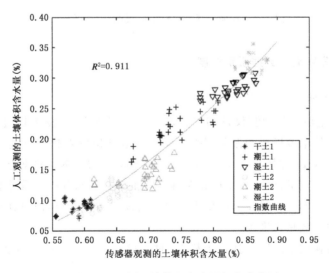

图 2.2　不同土壤体积含水量标定曲线图

按照土壤质地合并组合,至少分 10～30、40～60、80～100 cm 三层。每层制作样本的土壤体积含水量分别为小于 10％、10％～15％、15％～20％、20％～25％、25％～30％、30％～35％和大于 35％七个等级(3 层共 21 个样本)。

以人工与自动土壤水分传感器进行同时次的对比观测,用人工观测数据对仪器进行标定。在小于 10％、10％～15％、15％～20％、20％～25％、25％～30％、30％～35％ 和大于 35％等七个不同土壤水分体积含量区间进行相应的人工对比观测。原则上每一个土壤体积含水量等级样本数不少于 4 个,总样本数不少于 30 个。对各层人工对比观测数据和器测值进行分析比较,建立各层相应的对比曲线。利用数学专用工具进行拟合计算,确定传感器标定参数方程(图 2.3)。

标定开始时间:仪器安装 3 个月后。

对比观测时间:需跨越干湿两季,一般 3～6 个月。

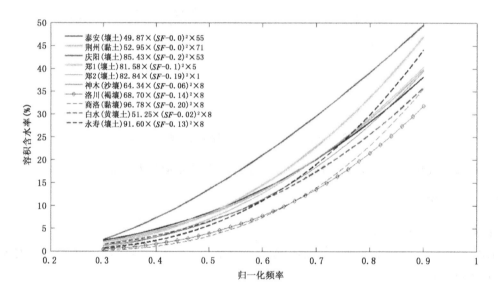

图 2.3　各种土壤类型标定曲线图(附彩图)

2.3.3　自动土壤水分观测站数据质量控制

2.3.3.1　质量控制方法

3 种型号的自动土壤水分观测仪是利用频域反射原理测定,该技术是通过测量放置在土壤中由两个电极之间的电容形成的振荡回路所产生的信号频率来测量土壤的表观介电常数,从而得到土壤容积含水量(陈怀亮 等,2009;黄飞龙 等,2012),然后根据土壤水文、物理常数和相关公式计算出土壤重量含水率、土壤相对湿度和土壤有效水分贮存量等要素。因此,从原理上看,自动观测的 4 个要素,只需对体积含水量进行质量控制即可,但对其他要素的质控,可以检查土壤水文物理常数是否准确。

自动土壤水分资料质量控制包括范围检查、时变检查和持续性检查 3 类质量控制方法 5 种可疑数据类型。

本书范围检查定义了 3 个类型,即土壤体积含水量大于 60％,记为错误,根据不同土壤类型具有不同的体积含水量,其中沙土为含水量最低的土壤类型,黏土为所有土壤类型中含水量最高的类型,其田间持水量为 39%～49%,饱和含水量为 51%～55%,因此定义土壤体积含水量大于 60%,认为是错误数值。土壤体积含水量等于和小于 0,标记为错误,根据频域反射原理,即使是空气,观测值也大于 0,不可能小于和等于零。

时变检查定义为在 1 h 内土壤相对湿度突降 20%,标记为可疑。根据土壤水分入渗特点,如果有降水,土壤水分可能会快速增加,但是土壤湿度的降低是一个缓慢的过程,不会突然降低,因此判断土壤水分的骤然降低,是不符合土壤水分时间变化规律,并且通过对 2010—2011年的自动土壤水分资料统计分析,初步判断相对湿度突降 20%,为可疑数据,引起数据突降的原因可能为土壤发生龟裂或者为传感器故障。

持续性检查定义为土壤相对湿度连续 1 个月不变化,标记为可疑。土壤水分随着气温、地温、湿度、蒸发和降水等多种气象因子的变化而变化,根据中国北方地区冬季土壤封冻,只能观测固态水的原理,并通过对历史自动土壤水分资料的分析,初步判断连续 1 个月不变化,认为数据出现异常。

2.3.3.2　质量控制要素选择

自动土壤水分观测站共测量 8 个层次,10 cm 层的土壤水分随着气温、蒸发、降水等气象要素变化最为明显,本书只对 10 cm 层的土壤水分质量控制结果进行分析。下文用 SWC010表示 10 cm 层的土壤体积含水量,SRH010 表示 10 cm 层的土壤相对湿度。

2.3.3.3　计算方法

检出率定义为可疑数据占相应观测数据的百分比,利用检出率评估质量控制结果,可以清晰地看到各类可疑观测数据的分布比例,以此可以分析可疑数据季节、区域和仪器的分布特点,并根据各种分析结果改进观测方法和技术。本书对业务化运行的 1902 个自动土壤水分观测站的 2012、2013 和 2014 年的数据进行质量控制检查。其中 2012 年有 14303151 条数据,2013 年有 11601417 条,2014 年有 13919700 条。

2.3.4　自动土壤水分观测数据应用

近年来,土壤水分自动观测仪器不断更新,为土壤水分研究提供了高频次、长时间序列的数据资料,并广泛应用于遥感反演土壤水分产品的验证、土壤水分和干旱模型估计进行标定和验证以及揭示土壤水分的时空分布规律(Sur et al.,2013)。一些研究将自动观测站的土壤水分观测数据,用于土壤水分时空分布规律及分区研究,为进一步挖掘土壤水分自动观测数据的价值,为促进数据的业务化工作以及科研成果产出提供了参考。

2.3.4.1　土壤水分时空分布监测

以山东省为例,首先对山东省 141 个土壤水分自动观测站 2016 年的观测数据进行筛选,剔除每天观测不足 20 次,每年观测不足 360 d 的站点,筛选出 85 个台站。对 85 个台站的小时土壤水分数据进行质量控制,依次进行极值检查(土壤相对含水量的范围为[0,100])、内站一致性检查(同时检验观测到的土壤体积含水量、土壤重量含水率、土壤相对含水量的一致性)和时间一致性检查(10～30 cm 连续 21 h 土壤相对含水量无变化的,40～60 cm 连续 31 h 无变化的,80～100 cm 连续 120 h 无变化的,全部连续相等的数据判为异常值),剔除异常值后,利用前后数据采用线性插值法进行插补,得到完整的小时数据值,然后分别计算土壤相对含水量的日、旬、月和年均值。

　　图 2.4 是 2016 年山东省不同层次土壤水分的年均值分布情况。从图中可以看出,山东省不同层次的土壤水分含量有较明显的空间分异特征,不同深度都呈现出山东东部半岛的土壤水分含量低于中、西部的规律。表层的土壤水分含量较低,越往深层,土壤水分含量越高,另外从同一层次土壤含水量的变幅来看,表层的土壤含水量的空间差异要小于深层的。

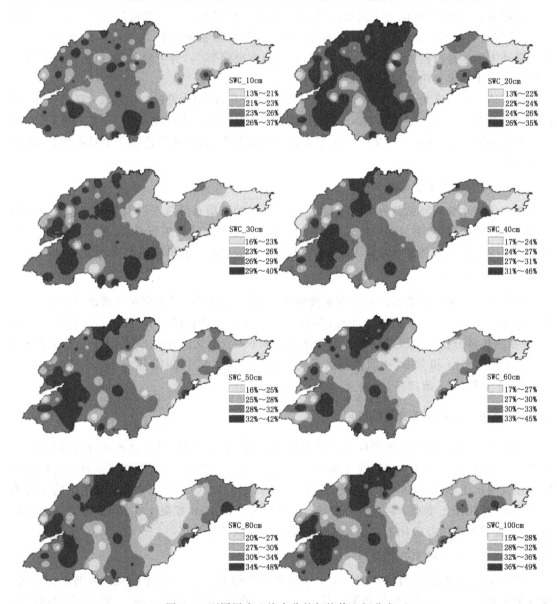

图 2.4　不同层次土壤水分的年均值空间分布

　　分别选取山东半岛的海阳和中西部的章丘两个典型台站,分析这两个台站 2016 年不同深度下土壤含水量的垂直分布特征及旬变化情况。从图 2.5 可以看出,2016 年山东半岛海阳站表层(10、20 cm)土壤水分在全年的波动更剧烈,中下层波动较小,从旬值的极差也可以看出,各层土壤水分在全年都有一定幅度的变化(表 2.2)。海阳站土壤水分的最高值出现在 60 cm

处,最低值在 10 cm 处,各层之间土壤水分平均值的差异比较明显。

山东省中西部的章丘站表层(10 cm)土壤水分在全年的波动较大,20 cm 以下土壤层的水分波动迅速减小,80 cm 以下的深层土壤水分在全年的波动极小,基本保持一致(图 2.5、表 2.2)。土壤水分的最高值在 80 cm 处,最低值在 50 cm 处,但各层土壤水分平均值之间的差异很小。

对比两个典型站的土壤水分值可以看出(图 2.5、表 2.2),海阳站 30 cm 以上的土壤水分值小于章丘站,但 30 cm 以下的土壤水分值大于章丘站。章丘站的土壤水分在时间上和垂直剖面上的变化幅度都小于海阳站。

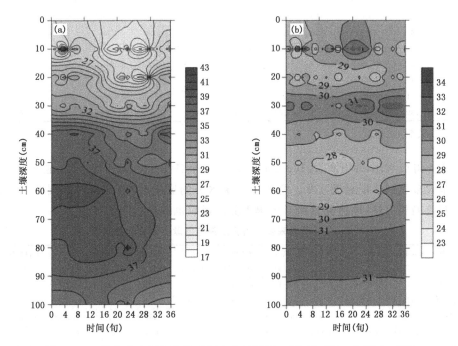

图 2.5　土壤水分在剖面上的时间变化情况(旬平均值,%,a.海阳;b.章丘)

表 2.2　海阳和章丘土壤水分旬值统计特征(%)

深度	海阳				章丘			
	平均	最大	最小	极差	平均	最大	最小	极差
10 cm	24.0	29.1	17.4	11.7	29.5	33.0	22.5	10.5
20 cm	27.7	31.6	21.5	10.1	28.5	30.3	25.9	4.4
30 cm	30.4	34.6	28.0	6.6	31.4	32.7	29.3	3.4
40 cm	36.2	38.2	33.7	4.4	29.2	29.9	27.5	2.4
50 cm	36.5	38.5	34.5	4.0	28.0	28.6	26.7	1.9
60 cm	38.2	39.8	36.5	3.3	28.8	31.1	27.6	3.5
80 cm	37.8	41.3	35.8	5.5	31.8	32.0	31.4	0.6
100 cm	35.1	37.5	33.6	3.9	30.4	30.7	30.0	0.7

2.3.4.2　土壤水分与气象要素的关系

从表 2.3 可以看出,海阳站点不同深度土壤含水量与气象要素之间有较强的相关关系,其中温度、湿度和气压与土壤含水量之间的关系大多达到了极显著的相关水平。中上层(60 cm及以上)的温度和气压与土壤含水量之间是负相关关系,降水对 20～40 cm 的土壤含水量有明显的影响。

表 2.3　海阳不同深度土壤含水量与气象要素之间的关系

深度 (cm)	平均温度 (℃)	最高温度 (℃)	最低温度 (℃)	降水 (mm)	气压 (Pa)	平均相对 湿度(%)	最小相对 湿度(%)	平均风速 (km/h)	日照时数 (h)	平均地温 (℃)	最高地温 (℃)	最低地温 (℃)
10	−0.360**	−0.356**	−0.362**	−0.006	−0.109*	−0.223**	−0.192**	0.014	−0.028	−0.373**	−0.356**	−0.366**
20	−0.717**	−0.692**	−0.726**	−0.115*	−0.282**	−0.398**	−0.369**	0.02	−0.017	−0.698**	−0.585**	−0.735**
30	−0.658**	−0.629**	−0.674**	−0.119*	−0.217**	−0.444**	−0.424**	0.007	0.047	−0.643**	−0.538**	−0.682**
40	−0.720**	−0.691**	−0.731**	−0.132*	−0.279**	−0.422**	−0.402**	−0.006	0.044	−0.678**	−0.533**	−0.734**
50	−0.300**	−0.275**	−0.316**	−0.053	0.029	−0.346**	−0.345**	0.006	0.135**	−0.241**	−0.101	−0.335**
60	−0.160**	−0.135**	−0.180**	−0.068	0.119*	−0.315**	−0.316**	0.015	0.171**	−0.094	0.058	−0.208**
80	0.340**	0.354**	0.318**	0.019	0.390**	−0.126*	−0.139*	−0.008	0.166**	0.367**	0.416**	0.290**
100	0.223**	0.239**	0.200**	−0.029	0.310**	−0.187**	−0.193**	0.004	0.156**	0.256**	0.327**	0.166**

＊＊表示相关关系极显著。

从表 2.4 可以看出,章丘站除 100 cm 深度外,其余各层土壤水分与温度、湿度和气压之间的相关关系大多达到了极显著水平。降水对土壤水分的影响较小,只是和表层的土壤水分含量之间有明显的相关性,风速和日照对土壤水分的影响也较小。

表 2.4　章丘不同深度土壤含水量与气象要素之间的关系

深度 (cm)	平均温度 (℃)	最高温度 (℃)	最低温度 (℃)	降水 (mm)	气压 (Pa)	平均相对 湿度(%)	最小相对 湿度(%)	平均风速 (km/h)	日照时数 (h)	平均地温 (℃)	最高地温 (℃)	最低地温 (℃)
10	0.367**	0.351**	0.382**	0.257**	0.141**	0.349**	0.293**	−0.035	0.054	0.343**	0.210**	0.420**
20	−0.165**	−0.175**	−0.148**	0.126*	−0.202**	0.192**	0.162**	−0.01	−0.051	−0.199**	−0.279**	−0.113*
30	−0.178**	−0.200**	−0.150**	0.015	−0.401**	0.374**	0.335**	−0.167**	−0.124*	−0.229**	−0.345**	−0.101
40	−0.334**	−0.344**	−0.322**	−0.055	−0.363**	0.126*	0.117*	−0.047	−0.091	−0.376**	−0.425**	−0.301**
50	−0.379**	−0.388**	−0.365**	−0.086	−0.422**	0.151**	0.134*	−0.072	−0.120*	−0.426**	−0.472**	−0.345**
60	−0.450**	−0.468**	−0.428**	−0.098	−0.503**	0.229**	0.212**	−0.085	−0.211**	−0.504**	−0.564**	−0.407**
80	−0.542**	−0.532**	−0.546**	−0.094	−0.281**	−0.234**	−0.195**	0.112*	−0.071	−0.565**	−0.502**	−0.570**
100	−0.01	−0.013	−0.008	−0.002	−0.011	0.056	0.056	0.053	−0.012	−0.035	−0.086	−0.004

＊＊表示相关关系极显著。

2.3.4.3　土壤水分分区研究

利用 K 聚类分析方法,对站点 30 cm 的月平均土壤水分值进行处理和分析,并参考站点的空间分布情况,可以将山东省分为东部和中西部 2 大类区域;然后对中西部的大类区再进行一次 K 聚类分析,又可以分为两类,这两类中有一类在空间分布上不连续,考虑到分区的空间连续性原则,因此将中西部调整为 3 类,从而得到了山东省土壤水分的最终分区结果,见图2.6(其中Ⅰ区为第一次 K 聚类直接分出来的,Ⅱ、Ⅲ、Ⅳ区为第二次分类得到的,而Ⅱ和Ⅳ区则是因为空间上不连续而分成了两类区域)。

从分区的结果来看,4 个区域在东西方向上依次分布,Ⅰ类区分布在山东半岛,包括威海、烟台、青岛全市以及潍坊和日照的东部区域;Ⅱ类区位于山东省的中部,包括东营、滨州、莱芜、

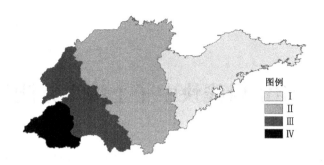

图 2.6　山东省土壤水分分区

淄博、临沂全市,济南和德州的大部,泰安、济宁的东部以及潍坊和日照的西部区域;Ⅲ类区在山东省的中西部,包括聊城、枣庄全市,济宁的大部以及济南、德州、泰安的西部;Ⅳ类区在山东的西南部,包括菏泽市。

第3章 宇宙射线快中子土壤水分测量方法

快中子土壤水分监测（cosmic-ray neutron soil moisture observing system，COSMOS）方法是一种通过监测大气中的宇宙射线中子强度，利用模型公式计算区域尺度（约半径 350 m 的圆）土壤表层含水量（12～70 cm）的方法。该方法属于非接触式测量，不受地表粗糙度、土壤质地、土壤容重等影响，不受水分物理状态的影响，是测量区域尺度土壤水分的有效方法。

3.1 宇宙射线快中子法测量原理

3.1.1 快中子来源及其与土壤水分的关系

与传统土壤水分中子测量法不同，首先，宇宙射线中子土壤水分监测方法的快中子来源是银河系或太阳系的宇宙射线初级离子，而并非固定的放射源；其次，测量足迹不同，传统中子仪测量的是仪器安放点较小范围内的土壤水分值，而宇宙射线中子方法反映的是半径约 350 m、深度 12～70 cm 范围内的平均土壤水分值；再次，宇宙射线中子方法的仪器在供电正常的条件下，基本不需要维护，更适合野外连续监测。

来自于太阳系或银河系（主要是银河系）的初级宇宙射线粒子，其 90% 的成分是质子，剩余的 10% 中多数是 α 质点和重核子，在地球磁场的作用下会射向地球。到达地球大气上边界时会与大气粒子不断碰撞发生级联反应，结果是逐渐丢失能量变为次级宇宙射线粒子直至成为高能粒子。高能粒子在与大气粒子发生碰撞时会进入大气粒子的原子核，将该原子核激发到不稳定的激发态，为返回稳定态，该激发态原子核会发射出快中子，此过程被称为"核蒸发"，核蒸发出的快中子由于能量不足而不能再次激发"核蒸发"反应，而是不断与地表与大气中的核子碰撞、丢失能量，直至被吸收，即快中子不断被慢化，快中子的慢化过程对土壤水分的推导有重要意义。这是宇宙射线中子土壤水分监测方法被动、非接触测量源区内土壤水分含量的基本原理，如图 3.1 所示。

核子慢化快中子的作用由 3 个因素决定。第一，不同元素的散射作用，以它们微观的散射横截面为特征，再与该种元素含量的多少相结合，共同构成宏观的散射横截面。第二，每次发生碰撞所能够失去的能量，或者与之相对应的，慢化一个快中子所需的碰撞次数。在这里存在一个很明显的规律：随着原子量的增加，慢化一个快中子所需的碰撞系数会随之增加，而每次碰撞后能量的衰减随之减少。Rivera Villarreyes 等（2011）研究表明：一个具有 2 MeV 能量的快中子，只需与 H 碰撞 26 次其能量便可降到 0.025 eV，从而成为一个热中子，而对于其他常见的原子，例如 C，需要 119 次碰撞，对于 O 需要 155 次碰撞，对于 Si 则需要 265 次，均远远多于与 H 的碰撞次数。第三，不同元素的核子数或者元素的浓度。这与元素的含量成正比而与该元素的质量数呈反比。以上 3 个因素共同作用组成了某种特定元素对慢化快中子的作用。

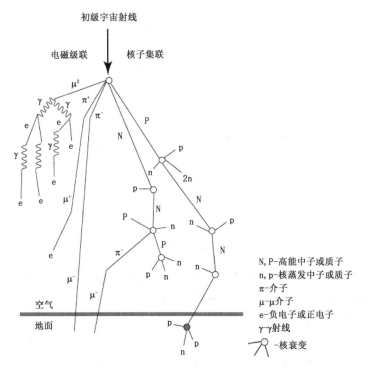

图 3.1　宇宙射线粒子级联反应图

　　通过核子对快中子慢化作用的因素分析,可以得出结论:在土壤中所存在的能够慢化快中子的所有的元素中,以氢原子的慢化作用最为重要。Zreda 等(2012)通过分析花岗岩、石灰岩、玄武岩、石英岩等 4 种最常见的岩石的化学成分表明,在该 4 种岩石的最主要 9 种组成成分(O、H、C、Si、Na、Ca、Al、Fe、Mg)对快中子慢化所形成的总的阻止能中,当岩石中绝对不含水时(H 的含量为 0),O 形成的阻止能占总阻止能的 75%,但只要岩石中加入微量的水(0.01 kg/kg)时,H 就取代 O 成为主要的阻止能来源,其阻止能占总阻止能的 50%;当岩石中的含水量为 0.03 kg/kg 时,H 的阻止能占总阻止能的 75%;当岩石中加入 0.1 kg/kg 的水时,H 的阻止能占总阻止能的 90%。

　　在近地面层,氢原子主要存在于土壤水分中,因此土壤水分含量是影响近地面快中子强度的决定性因素,氢原子在慢化快中子中的决定性作用是宇宙射线中子法测量土壤水分的理论依据,如图 3.2 所示。只要被动测量出近地面快中子的强度,就能够分析出土壤水分的含量,宇宙射线中子法就是通过测量慢化了的快中子(书中仍相对地称作快中子)的强度来计算源区内土壤水分的含量。

3.1.2　快中子水分仪的测量范围

　　该方法测量的水平范围为水平方向上所测量到的 86%($1-e^{-2}$)的快中子的来源范围;在海平面约为 670 m 直径,且基本不受土壤水分的影响(如图 3.3a 所示),但反比于大气压力值与空气中水汽含量:首先,由于中子的散射平均自由程与单位体积空气中的分子数呈反比,因此水平测量范围随空气密度的减小而增加、随海拔的增高而增加,在海拔 3000 m 处,水平测

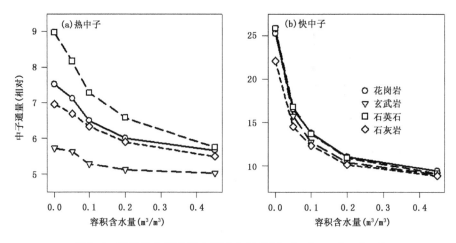

图 3.2　通过快中子计算土壤水分值(引自 Zreda et al. , 2008)

量范围大约增大 25%;其次,空气水汽的存在会缩短中子的散射平均自由程,因此水平测量范围随水汽压的增加而减小。模型计算结果表明:当水汽饱和时(30 g/m³),水平测量范围将相对于干燥空气(0 g/m³)缩小 10%。

垂直测量深度为垂直方向上所测量到的 86%(1−e⁻²) 的快中子的来源范围。如图 3.3b 所示,此范围随土壤含水量而显著不同:在干土条件下为 76 cm(实线),在含水量饱和条件下为 12 cm(虚线)。

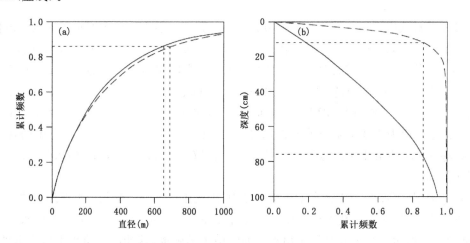

图 3.3　宇宙射线中子方法的水平测量范围(a)和测量深度(b)

有研究人员提出基于土壤成分仅为水分和矿物质成分的垂直测量深度与土壤水分含量的关系式,如式(3.1)所示:

$$Z = \frac{5.8}{(\frac{\rho_{bd}}{\rho_w})\tau + \theta + 0.0829} \tag{3.1}$$

式中,5.8(cm)表示在液态水环境下,测量到的 86% 的中子强度的来源深度;参数 0.0829 取决于 SiO_2 的核横截面;Z 为宇宙射线中子法的有效测量深度(cm);ρ_{bd} 为源区内的干土壤容重(g/cm³);ρ_w 为液态水的密度,默认为 1 g/cm³;τ 为晶格水占矿质颗粒和束缚水质量总和的比例；θ 为源区内土壤的质量含水量(kg/kg)。

　　综上可知,宇宙射线中子法的测量源区为地表半径约 350 m,高 12～76 cm 的圆柱体。

3.1.3　快中子土壤水分技术研究进展

　　到目前为止,宇宙射线中子法测量土壤水分的理论研究已经进行了半个多世纪。早在 20 世纪 40 年代,Bethe 等(1940)就在理论上证实:地面上方低能宇宙射线中子的强度取决于地面物质的化学成分,尤其是氢的含量。Hendrick 等(1966)在监测高能中子的通量时发现,地面上方低能快中子的强度取决于地面土壤含水量,当时的物理学家认为这种现象会对高能中子的观测造成负面影响,需要尽量避免。然而,今天的水文学家却考虑到,通过快中子所产生的负面影响的大小可以用来反推出土壤含水量的多少。

　　第一批分析快中子数与土壤水分之间关系的科学家(Kodama et al.,1985)将相关仪器安放在地面以下,虽然这种安放方法只能感应很小范围内的土壤水分,但初步定性探索出了宇宙射线中子强度与土壤水分含量之间的关系。研究结果表明,土壤水分含量与中子强度呈负相关关系,地表下 20 cm 能量位于 0.025～106 eV 的中子能最有效反映周围土壤的含水量(图 3.4)。

　　Zreda 等(2008)首次利用美国 Hydroinnova 公司生产的宇宙射线中子传感器开展了土壤水分野外测量试验,利用中子强度计算出了土壤水分含量,并将计算结果与 TDR 传感器测量结果做出比较,初步证实了该技术的可靠性(图 3.5)。

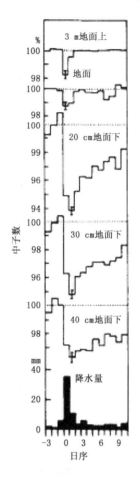

图 3.4　降水前后不同监测位置
的宇宙射线中子数日变化
(Kodama et al.,1985)

　　在此之后,美国和德国的一些研究人员对宇宙射线中子法的应用进行了更深入的研究,并开始分析一些土壤水分测定的影响因素。Desilets 等(2010)将仪器应用于区分下雪和下雨事件、测定区域雪水当量深度等,得出区分降雪和降雨事件的标志是:热中子数在雪水当量深度为 1～3 cm 时迅速增加,然后迅速下降;而快中子的情况就不同,其强度会随着雪水当量深度或土壤含水量的增加而单调减少。Rivera Villarreyes 等(2011)定量研究了当地面有少量积雪覆盖以及地面有植被覆盖两种情况对土壤水分测量的影响,证明了少量雪覆盖对宇宙射线中子方法准确性的影响远大于地面玉米覆盖的影响;Rosolem 等(2013)研究空气水分对快中子强度的影响,用理论模型证明:近地面空气水汽对快中子强度的影响最大可达 12%,对应的土壤水分含量为 0.1 kg/kg,需要做出相关订正。Zreda 等(2008;2012)综合分析了气压、外来宇宙射线强度变化、晶格水等对测量准确性的影响;Rosolem 等(2013)尝试了在作物下垫面条件下使用不同校正方法对测量结果进行校正,证实了作物对测量结果的影响较大,而不同深度的土壤水分对宇宙射线中子仪的测量结果所做的贡献并没有权重上的不同。

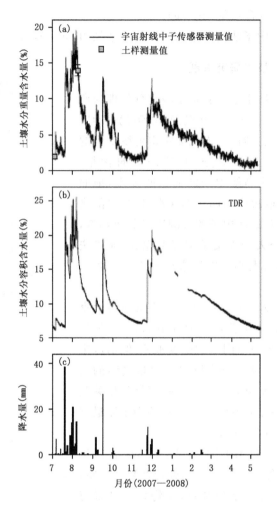

图 3.5　COSMOS 测量值与源区内 48 个土样点的平均值比较(a)；
源区内两个 TDR 的平均测量值(b)；地表降水数据(c)(Zreda et al. ,2012)

　　之后,来自美国及澳大利亚的研究者在计算方法上对宇宙射线中子法测量土壤水分做了进一步分析(Chrisman,2013；Dutta et al. ,2013),提出了将适应模糊神经推理系统(ANFIS)方法计算出的土壤水分与宇宙射线中子法计算出的土壤水分做比较,得出两者的一致性为 90%；COSMIC 算法(Shuttleworth et al. ,2013)则在理论上可以分别计算不同深度土壤水分对最终测量结果的权重影响,对该方法进一步精确测量土壤水分指明了方向。

　　宇宙射线中子法在国内的应用起始于 2012 年,应用于"黑河流域生态—水文过程综合遥感观测联合试验",研究甘肃省张掖市玉米下垫面的土壤水分变化；随后中国农业大学贾晓俊等(2014)利用美国 Hydroinnova 公司生产的宇宙射线中子传感器在中国农大大学试验基地开展宇宙射线中子土壤水分测量试验(图 3.6),并对传统土壤采样结果进行了对比分析(图 3.7),结果表明宇宙射线中子法在农田可以获得较好的测量精度；此外,中国水利水电科学研究院(蔡静雅 等,2015)、中国气象科学研究院等单位陆续开展了对该方法的研究与应用,较为全面地加深了我国科研工作者对该方法的认识。

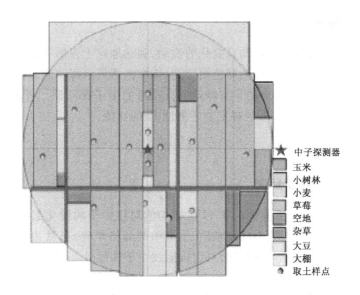

图 3.6 COSMOS 的安装位置、源区下垫面作物以及人工取土样位置分布（附彩图）

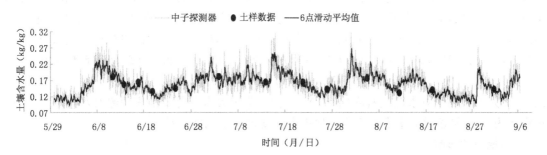

图 3.7 农田下垫面下 COSMOS 计算出的水分值与土样数据比较

3.2 影响因素分析

3.2.1 气压影响

如上所述，中子的散射平均自由程会受单位体积空气中的分子数影响，即近地表的快中子强度会受到气压变化的影响，因此在利用快中子强度计算地表附近土壤水分含量时，需对不同气压的影响进行校正。气压校正因子 f_p 为

$$f_p = \exp(\frac{P - P_0}{L}) \tag{3.2}$$

式中，L 是高能中子的质量衰减长度（g/cm²），在高纬度约为 128 g/cm²，在赤道上约为 142 g/cm²，期间为非线性渐进变化；P 为特定监测地点、监测时间的气压值；P_0 为任意参考气压（可选择为监测站点的长期平均气压值、海平面气压值等）。修正后的中子强度为原始中子强度乘以气压校正因子。

3.2.2　外来中子强度变化

由于太阳黑子周期或太阳活动日变化的波动,到达地球上界的宇宙射线强度会呈现变化。这一变化可通过宇宙射线中子探测器监测得到,该探测器只可探测到高能次级宇宙射线中子,而对低能中子不敏感,目前瑞士的少女峰站上有在用的中子探测器。外来中子强度变化系数 f_i 为特定时间探测器的读数 I_m 与特定参考强度 I_0 的比值:

$$f_i = \frac{I_m}{I_0} \tag{3.3}$$

3.2.3　地表其他含 H 物质影响

除土壤水分外,地表附近其他的含 H 物质均能对快中子的慢化起到一定影响,相关的物质主要有植被、空气水分、土壤中的腐殖质、土壤中的晶格水等,虽然相对于土壤水分来说,这些物质中所含水分总量很小,但同样会对宇宙射线中子法的计算结果产生影响。

(1)空气水汽的影响

已有实验证实,空气水分对近地面快中子的影响最大可达 12%,通过相关计算公式的换算相当于 $0.1\ m^3/m^3$ 的土壤水分误差。对于空气水分的修正,Zreda 等(2012)提出了两种修正方法:第一,将测量到的中子强度修正到特定的水汽环境条件下,使得中子强度不受水汽压的影响;第二,将大气中的水汽加到表层水分中去做修正,然后再减去测量到的大气水分,从而得出土壤水分。Rosolem 等(2013)对第一种方法进行了修正,获得了水汽修正系数(CWV)为

$$CWV = 1 + 0.0054(\rho - \rho_0) \tag{3.4}$$

式中,ρ 为地表的绝对水蒸气密度(g/m^3);ρ_0 为所设定参考条件下地表的绝对水汽密度(一般可设定为 0)。修正后的中子强度为原始中子强度乘以水汽修正系数。

(2)植被的影响

宇宙射线中子法在地表上部的测量源区约为半径 350 m 的半球,因此认为源区内的含 H 的植被也会存在一定的影响。然而对植被的影响,到目前为止尚没有统一的校正方法,仅有实验证明:玉米农田下垫面对该方法计算土壤水分的影响最大不会超过 $0.05\ m^3/m^3$,生物量小于玉米的作物的影响将会更小。

(3)土壤中腐殖质及晶格水的影响

除沙质土壤外,其他类型土壤的晶格水含量均在 $0.012\ m^3/m^3$ 以下,而土壤中的有机质含量一般在 2% 以下。由于两种物质的含量均极小,且难以准确测量,到目前为止尚没有统一的校正方法。

3.2.4　中子强度修正

经过气压影响修正、外来中子强度的变化的修正、空气水汽的影响修正后的中子强度为

$$N_{cor} = N_{raw} \times f_p \times CWV/f_i \tag{3.5}$$

式中,N_{cor} 为修正后的中子强度;N_{raw} 为原始快中子强度;f_p 为气压校正因子;f_i 为外来中子强度变化系数。

3.3 利用宇宙射线中子法计算土壤水分

在利用宇宙射线中子数计算区域范围内的土壤水分时,首先要对原始数据做质量控制,对于不符合传感器正常工作条件下所取得的数据进行剔除。控制的条件为:(1)采样数据间隔不是 1 h 的数据;(2)下一小时的中子个数相对于上一小时个数变化幅度超过 20% 的数据;(3)传感器内部的相对湿度超过 80% 时所取得的数据(传感器内部干燥剂失去作用,则可能导致相对湿度大于 80%);(4)电池电压值低于 11.8 V 时所取得的数据。凡是满足质量控制条件的数据均要被剔除,剔除剩余的数据才能进行进一步处理分析。

在前人研究的理论基础之上,Rivera Villarreyes 等(2011)利用 MCNPx 模型模拟中子运动及其运动轨道,建立起中子量与土壤水分之间的函数关系:

$$\theta(N) = \frac{a_0}{(\frac{N}{N_0}) - a_1} - a_2 \tag{3.6}$$

式中,$\theta(N)$ 为源区内土壤的容积含水量(m^3/m^3)或质量含水量(kg/kg);N 为经过气压、空气水汽等修正后的中子数;N_0 为在同一源区、土壤不含水情况下测量到的中子数;a 为修正参数,在 $\theta > 0.02$ kg/kg 情况下,修正参数分别为:$a_0 = 0.0808$,$a_1 = 0.372$,$a_2 = 0.115$。

在利用式(3.6)计算土壤水分的过程中,$\theta(N)$ 和 N_0 为 2 个未知参数。其中,$\theta(N)$ 是变量,随着土壤含水量的变化会产生较大波动;N_0 近似为定值,可通过一组具有代表性的土壤水分的平均值校准所得(Zreda et al.,2012),由于 N_0 主要受源区所处的地理纬度、海拔高度和土壤质地影响,所以对于同一源区,N_0 不变。

3.3.1 N_0 值的获取

由上述分析,N_0 可通过一组具有代表性的土壤水分平均值(即标准水分值)校准所得,烘干称重法是目前国际上沿用的获取土壤水分数据的标准方法,因此多点、多层次土样数据的平均值(或加权平均值)是标准水分值的较好选择。建议操作过程为:

(1)以宇宙射线中子监测设备(CRS)安装地点为中心,分别在以 25、75 和 175 m 为半径的圆上均匀取 6 个点;每个点分别于 0～5、5～10、15～20 和 35～40 cm 深度处取土,土样采集分布图如图 3.8 所示,记录取样时间。

(2)烘干称重土样,依据下式计算出土样的重量含水量:

$$\theta_m = \frac{W_1 - W_2}{W_2 - W_3} \tag{3.7}$$

式中,W_1 为湿土与铝盒的总重量;W_2 为 105～110 ℃ 条件下,烘干 12 h、自然冷却后的土样与铝盒的总重量;W_3 为空铝盒的重量。

(3)通过烘干称重方法计算出的土壤水分值,代入式(3.1),计算出本源区内、宇宙射线中子系统可测量的最大深度 h。

(4)将深度 h 以上所有土样的水分值求算术平均或加权平均,得出源区内、此采样时段的标准水分值 θ。

(5)将标准水分值 θ 代入式(3.6),得出参数 N_0 值。

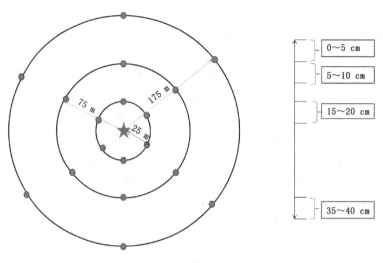

图 3.8　土样采集点分布图

（6）为防止因操作不当带来的误差，建议在同一试验区多次测量 N_0，通过分析比较，得出最优值。

3.3.2　利用宇宙射线中子法计算土壤水分的准确性分析

本方法直接测量到的是中子数 N，此中子数遵循泊松统计，因此其变异系数（不确定性）为 $N^{-0.5}$，因此测量精度随中子数的增加而增加；而在特定监测站点，监测精度会与采集间隔呈正比，而与土壤水分值呈反比；监测地的原位参数校正是决定本方法测量准确性的关键因素；应用此方法时，建议做气压、空气水汽和外来中子强度变化的影响校正；当土壤表层的土壤水分梯度数据变化量很大时，可能会对本方法的测量结果有一定的影响；根据模型显示，此影响最大值可能为 $0.03\ \mathrm{m^3/m^3}$。

3.4　结论

宇宙射线快中子土壤水分测量法属于非接触被动测量，不破坏土层结构，不受地表粗糙度、土壤质地、土壤容重等影响，不受水分物理状态的影响，是测量区域尺度土壤水分的有效方法。本方法测量范围较广，与遥感方法的尺度较为接近，是遥感地面验证的较好选择。另外，移动式快中子监测设备，时间分辨率更高，可用于监测更大范围的土壤水分值。

宇宙射线快中子水分仪测量地表 H 的含量，因此包括植被、土壤腐殖质等含 H 物质均会影响本方法的测量精度，其中植被的影响最大。如何更为准确地去除其他地表含 H 物质的影响有待未来进一步研究。

第4章 土壤水分光学遥感监测方法与应用

4.1 基于土壤水分指标的遥感干旱指数

4.1.1 热惯量

热惯量模型是利用热红外遥感数据监测土壤含水量的一种主要方法。Price(1980)通过研究改进并简化了原有的热惯量模型,提出了表观热惯量(apparent thermal inertia,ATI)的概念。通过遥感数据计算得到的表观热惯量可以有效地反演出土壤水分,在农业干旱监测中有很好的应用价值(Carlson,1986;余涛 等,1997)。在反演土壤水分时需要考虑风速、土壤类型等地形参数(陈怀亮 等,1998),尤其是地表植被覆盖情况:当植被覆盖较低时,表观热惯量与土壤含水量显著相关;植被覆盖较高时,热惯量法不能有效地监测土壤水分(杨树聪 等,2011)。随着对热惯量方法的进一步研究,其改进方法对复杂地形、高植被覆盖等区域的监测效果也有了一定的改善(王艳姣 等,2014;吴黎 等,2012),但还不足以进行实际应用。热惯量法及其改进方法是以土壤的热特性为出发点反演土壤水分,对土壤单元的温度信息十分敏感,可以有效监测裸土或较低植被覆盖条件下的农业干旱状况(韩宇平 等,2013)。

4.1.2 能量指数

张文宗等(1999)根据土壤热力学理论提出了利用遥感监测农业干旱的能量指数模式,其原理为:地面土壤越干燥,经过地表转换向外发射出的长波辐射就越强,地表和植被冠层的温度就越高;相反,地面土壤越湿润,一部分太阳辐射就会被水分所吸收,向外反射出的长波辐射就会越弱,地表和植被冠层温度越低。在实际监测过程中,能量指数法的监测效果优于热惯量法和植被供水指数法,能较好地反映旱情的空间分布和发展过程,适用于各种程度植被覆盖条件下的干旱监测(郑有飞 等,2012),尤其是在作物长势较好的生长中后期(武晋雯 等,2014)。

4.1.3 垂直干旱指数

Ghulam 等(2007b)和詹志明等(2006)基于红波段—近红外波段二维光谱特征空间中土壤水分沿土壤线方向的变化规律提出了垂直干旱指数(perpendicular drought index,PDI)。Ghulam 等(2007a)通过引入植被覆盖度因子提高了 PDI 的适用范围,从而提出了改进垂直干旱指数(modified perpendicular drought index,MPDI)。加入了植被覆盖度参数的 MPDI 对较高植被覆盖条件下土壤旱情的监测能力要强于低植被覆盖条件下的监测能力,对华北地区冬小麦种植区在 4 个关键生育期的旱情监测中表现良好(周正明,2013)。在不同植被覆盖程度下,MPDI 都有着较好的反演结果,但 MPDI 对相同土壤条件下的旱情监测能力要高于不同土壤条件下。MPDI在中等植被覆盖的小麦拔节期,土壤含水量较高时,不易反映土壤含水量起伏变化特征;在高植被覆盖的抽穗阶段,对偏低的土壤含水量较为敏感(孙丽 等,2014),这导致在不同土壤条件下的监测效果存在明显差异。因此,通过3S技术网格化地面信息对土壤单元进行分类,可以有效提高MPDI的精度,增加其适用性。在实际应用中,垂直干旱指数及其改进指数在干旱监测中有着良好表现,可以作为干旱和半干旱气候条件区域的干旱预警系统(Shahabfar et al.,2012a;Shahabfar et al.,2012b)。

4.2 基于作物形态及生理指标的遥感干旱指数

4.2.1 归一化植被指数及其改进指数

Jackson 等(1983)发现归一化植被指数(normalized differential vegetation index,NDVI)在监测干旱时不能及时反映土壤水分含量,只有当干旱十分严重,水分胁迫开始阻碍到植被(作物)生长发育时才会引起 NDVI 的显著变化,这表明 NDVI 对重旱有较好的反映(Lozano-Garcia et al.,1995),但对干旱胁迫具有一定程度的延迟响应,存在一定的滞后性(Anyamba et al.,2001;Peters,2002;Reed,1993)。NDVI 是一种在大范围监测中最简单可行的指数,研究表明 NDVI 对时空跨度较大地区的干旱监测有明显优势,更适用于植被发育中期或中等以上覆盖度的植被监测(李秀花 等,2009;孙丽 等,2010),尤其是在作物拔节期和乳熟期,NDVI 是相对较好的指标(Li Z et al.,2011)。

Kogan(1990)认为地理环境、土壤类型、作物种类等也会影响 NDVI 的变化,提出了植被状态指数(vegetation condition index,VCI)和温度条件指数(temperature condition index,TCI),并通过实验证明了植被条件指数 VCI 与温度条件指数 TCI 的比值能更好地监测植被长势和土壤水状况。这两种指数各有优缺点,在实际监测中都很难突破其固有的局限性(Kogan,1995a)。由此,Kogan(1995b)将 VCI 和 TCI 通过线性组合建立了植被健康指数(vegetation health index,VHI)。接下来的研究表明,VHI 比传统的气象干旱指标——标准化降水指数(standardized precipitation index,SPI)更适用于作物旱情的监测(Bhuiyan et al.,2006;Kogan,1998),能够较好地反映作物受旱情况(牟伶俐 等,2007)。VHI 综合了 VCI 和TCI 的优点,继承了 NDVI 的简单性、可行性,但没有提出在下垫面作物(植被)情况复杂时的解决方案。因此,Rojas 等(2011)提出了一种新的改进方法,利用单个像元的季节平均 VHI,通过基于 NDVI 的一个物候模型定义了作物的灌溉起止时间,在实际应用中有效地提高了精度。而 Sun 等(2013)通过结合归一化水指数和昼夜地表温度,建立了一个更加有效监测整个中国农业干旱的干旱监测指标——植被干旱指数(vegetation drought index,VDI),解决了VHI 过于依赖 NDVI 和温差数据而产生的不确定性和地貌干扰,实验表明:VDI 与归一化作物产量具有显著相关性,并且比 VHI 更好;在重大干旱监测中,VDI 具有全区域、全时段监测农业干旱的能力。

4.2.2 作物缺水指数及其改进指数

Idso 等(1981)根据能量平衡原理提出了作物缺水指数(crop water stress index,CWSI),以反映作物实际日蒸腾与最大可能蒸腾之间的比值。CWSI 越大,作物蒸腾作用越小,供水能力越差,土壤越干旱。Jackson 等(1988)利用冠层能量平衡的单层模型提出了涉及诸多气象因素的理论模式,将植被与土壤看为一个整体,解决了 CWSI 在不同植被覆盖度下的适用性问题。考虑到该模型过于复杂,Jones(1999)对 CWSI 进行了简化,提出了利用加强红外测温技术衡量植物水分胁迫的一些方法。通过对 Jackson 理论模式和 Jones 简化模式下计算得出的作物水分胁迫指数 CWSI 进行比较发现:两者在干旱监测中均有较好的相关性,其中,Jones模式可以更好地指示作物缺水状态,能够准确反映作物水分状态(张小雨 等,2013)。

在部分植被覆盖下,土壤和作物有不同的热特性。单层模型在监测高覆盖条件下蒸散的精度较高,而对于部分植被覆盖条件下则需要采用双层模型(隋洪智 等,1997)。Jupp(1990)把地表覆盖分为植被层和土壤层 2 个部分,提出了农田蒸散的双层模型理论。为了将作物缺水指数 CWSI 有效应用到部分植被覆盖条件地区,Moran 等(1994)根据植被指数温度梯形理论和农田蒸散双层模型理论提出了水分亏缺指数(water deficit index,WDI),研究表明,WDI提供的农田蒸散速率和相对农田水分亏缺在全覆盖和部分植被地表的监测结果是准确的,使用 WDI 评价干旱的发生比较合理,但在干旱炎热夏季的适用性并不理想(齐述华,2004)。考虑到该指数的变化因子是植被根部的相对蒸发量,Su 等(2003)对其进行了改进,提出了 DSI指数(drought severity index,DSI),提高了在实际应用中的精度。

4.3　综合遥感干旱指数

4.3.1　植被供水指数

Carlson 等(1994)综合考虑了作物受旱时在红光、近红外及热红外波段上的反应,结合归一化植被指数 NDVI 和冠层温度(canopy temperature,T_c),提出了植被供水指数(vegetation supply water index,VSWI)。原理为:作物冠层温度可以反映出作物供水状况,其随 NDVI 变化的直线斜率可以反映区域土壤湿度状况(孟兆江 等,2005)。在植被覆盖度较高、作物蒸腾较强地区的干旱监测中,VSWI 有很好的相关性,具有比较明确的物理学和生物学意义(莫伟华 等,2006)。在进一步的研究中,为了解决通过遥感资料获取的干旱指标的差异性,Abbas等(2014)建立了归一化植被供水指数(normalized vegetation supply water index,NVSWI),通过结合土地覆盖类型、降雨滞后时间等因素更加精确地进行了干旱监测,为今后该方法的改进提供了新的方向。

4.3.2　温度植被干旱指数及其改进指数

Sandholt 等(2002)根据基于 NDVI-LST 三角形空间的研究,提出了估算土壤表层水分状况的温度植被干旱指数(temperature vegetation dryness index,TVDI),其值越大,陆地表面温度(land surface temperature,LST)越接近干边,土壤干旱越严重;反之,其值越小,LST 越接近湿边,土壤湿度越大。实际应用中,TVDI 对山区的早期干旱监测有很好的效果(吴孟泉等,2007),但在高纬度、高海拔地区,尤其是作物生长的前期和后期,NDVI-LST 空间的相关模型可能并不适用(Karnieli et al.,2010)。在一定程度上,虽然 TVDI 能够反映地表土壤水分状况(李云鹏 等,2011),但考虑到研究区下垫面、气候等因素的复杂性,仅使用 TDVI 并不一定能满足干旱监测的实际需要。进一步的研究表明,通过结合降水量距平指数 PPAI 所建立的综合干旱监测指数 IMDI 在不同生长时期比单一的 TVDI 更显著相关,在反映大范围的干旱趋势上效果较好,特别是在重旱情况下(Sun et al.,2012)。

王鹏新等(2001)、Wan 等(2004)在 NDVI-LST 三角形空间理论的基础上提出了一种新的干旱监测方法——条件植被温度指数(vegetation temperature condition index,VTCI),该指数可以有效监测某一特定时期内相对干旱程度及其变化规律。在河北省中南部平原某年严重春旱的监测中(陈鹏,2011),VTCI 与不同深度的土壤相对湿度相关性均明显优于 VSWI,更适合河北省中南部平原地带的旱情监测,同时研究认为,下垫面因素是造成旱情监测结果存在较大差异的主要原因。

此外,郑有飞等(2013)对 TVDI 进行了改进,提出了简化型蒸散胁迫指数 SESI,其计算简单,兼顾了物理和生物学基础,在春、秋季监测中效果很好。Li 等(2005)针对 TVDI 在植被高覆盖地区可能夸大了干旱程度的问题,建立蒸发植被干旱指数模型 EVDI,增加了实际监测中的精度。李红军等(2007)对影响 TVDI 的地表能量平衡因素进行了研究,提出了温度蒸散旱情指数法 TEDI,使 TEDI 可以更准确地反映出下垫面的土壤墒情状况。聂建亮等(2011)通过结合温度降尺度方法和温度反演方法解决了遥感技术监测地表温度时存在的空间分辨率和时间分辨率上的矛盾。王永前等(2014)将微波遥感与 NDVI-LST 三角形空间理论有效结合构建了温度微波植被干旱指数 TMVDI,与 TVDI 相比提高了对不同特征区域干旱监测的有效性,反映出更丰富的植被信息,但微波辐射计的空间分辨率相对较低,精细化程度不够。

4.3.3　云参数

一些学者提出了基于云的干旱遥感监测方法——云参数法,将云作为旱情信息提取的基础,研究思路为:如果像元没有被云覆盖,则不可能发生降水,地面接收并吸收到的太阳短波辐射增强,地表升温,进一步会加强水分蒸发以及植被的蒸腾作用,干旱发生的可能性增加。反之,则可能会发生降水,辐射减弱,蒸发、蒸腾作用减弱,干旱发生的可能性降低(刘良明,2004;刘良明 等,2009;向大享,2011)。孙岩标等(2010)利用 ArcEngine 和 IDL 语言设计并实现了基于云参数法的遥感干旱监测系统。在实际应用中,通过云参数法制作的遥感干旱监测系统与地面统计数据基本吻合,在干旱程度与范围方面基本一致,证明了该技术在大范围旱情监测评估中的适用性(李喆 等,2012;张穗 等,2013)。

4.4　适用性分析

农业干旱与土壤、作物、云等因素的若干变化息息相关。如表 4.1 至表 4.3 所示,不同的遥感干旱监测指数利用不同因素的变化来描述农业干旱程度,这使得指数的选择对监测结果造成不同的影响。进而,在作物生长周期的不同阶段,下垫面、作物生理等因素的差异会进一步导致监测结果之间的不一致。研究认为,在实际干旱遥感监测中,根据作物生长环境、作物种类、作物不同生长时期选择采用不同的遥感干旱指数,有助于提高监测效果。作物在生长过程中,其植被覆盖程度、耗水量、土壤及作物的蒸发程度有很大的区别。以冬小麦为例,在发育前期,作物处于营养生长阶段,封垄前的植被覆盖不完全,作物耗水较少,由于气温较低,土壤蒸发弱,对水分亏缺并不敏感;返青阶段,植被覆盖逐渐完全,作物对水分需求明显增大,降水对其影响较大;生长中期,作物叶面积逐渐增大,植被覆盖逐渐达到最大,土壤蒸发能力日益加强,其对水分亏缺越来越敏感,在此时期,干旱对大多数作物的产量影响最大(Huang et al.,2014);成熟阶段,NDVI 已下降到较低水平,部分地区收割出现裸地,植被覆盖程度降低。

表 4.1　基于土壤水分指标的遥感干旱指数的适用性分析

遥感干旱指数	优点	缺点	适用性
热惯量	对土壤单元的温度信息十分敏感	较高植被覆盖情况下,效果并不理想	适合植被(作物)覆盖较低、地形简单区域的早期干旱预警及监测
能量指数法	在各种下垫面环境下的相关性都很好	对监测区域的整体性要求较高	适用于各种植被覆盖条件下、不同发育阶段的旱情监测
垂直干旱指数	对相同、不同土壤质地都有较好的反演结果	对不同时期土壤含水量的敏感程度不一致	适用于干旱和半干旱气候条件下区域的干旱预警

表 4.2　基于作物形态及生理指标的遥感干旱指数的适用性分析

遥感干旱指数	优点	缺点	适用性
归一化植被指数及其改进指数	对时空跨度较大、植被覆盖较高区域的监测优势明显	存在一定的滞后性,易受下垫面因素影响	适用于全区域、全时段的作物生长状况监测以及干旱趋势预测
作物缺水指数及其改进指数	在植被(作物)覆盖率较高的地区,其精度高、可靠性强	参数较多、计算较为复杂,各种参数存在一定的地域环境差异	适用于小范围、蒸散作用较强的作物生长过程中的农业干旱监测

表 4.3　综合遥感干旱指数的适用性分析

遥感干旱指数	优点	缺点	适用性
植被供水指数	具有比较明确的物理学和生物学意义	地理环境、作物种类等因素会影响其监测结果	适用于植被覆盖度较高、作物蒸腾较强地区的农业旱情遥感监测
温度植被干旱指数及其改进指数	监测不同下垫面背景区域时较为稳定,参数较少、计算简便	在高纬度、高海拔地区,该指数的监测效果并不好	适用于时空分布较广的监测区域,尤其是平原地区的旱情监测
云参数	避免了下垫面因素对监测的干扰,数据处理简单	以云为单一参数的监测结果并不可靠和准确	适用于大范围或全球范围的干旱监测

　　根据以上分析,研究得出了农业干旱遥感监测指数适用性体系:(1)与土壤水分指标密切相关的各指数比较适宜于农业旱情早期预警及土壤干旱型农业旱情的监测,对作物生长前期未封垄时,植被覆盖度低,土壤裸露有很好的监测效果。其中,改进的热惯量方法适用性大大提高,适合不同情况下的监测;修正的垂直干旱指数 MPDI 对连续干旱造成的土壤表层水分的变化有较好的反映。(2)表征作物形态及生理指标的各指数比较适宜于农业作物生长过程中,尤其是在封垄后,植被覆盖度较高的时期的旱情监测。农田蒸散的单层模型、双层模型,在精度和计算繁简的束缚下有待进一步改进。(3)各类综合干旱指数对作物整个生长过程都有

较好的监测效果。其中，NDVI-LST 三角形空间模型的改进、与其他指数的结合越发成熟可行，为实际监测提供了更多的可能；云参数法以云为研究目标，摆脱了地表状况的限制，适用于作物整个生长周期，计算简单，在大范围实时监测方面提供了新的思路。

将农业干旱遥感监测指数依据其理论基础和在作物不同生长时期的适用性进行了比较分类。结论认为，在作物发育前期作物植被覆盖率较低，不能对作物冠层进行有效的监测，基于土壤水分指标的遥感干旱指数更适用于这个时期的监测；在作物返青阶段，作物冠层发育良好、处于部分植被覆盖阶段，结合土壤水分指标的综合遥感干旱指数以及采用农田蒸散双层模型的基于作物特征的干旱指数的监测结果更加准确可行，适用于这个时期的干旱监测；作物生长中期，植被覆盖完全，基于作物形态及生理指标的遥感干旱指数在这个时期有着较好的监测效果，但考虑下垫面因素，综合指数的监测结果则更加准确；成熟阶段，作物冠层光合作用减弱，部分区域由于收割出现裸地，容易产生混合像元，降低遥感影像的精度，各种类型指数在这一阶段都可能出现一定的误差。

虽然对作物不同生长期应用最适干旱监测方法可以有效提高监测效果，但考虑到在具体应用中的复杂性，未来还需要更多的改进。通过将不同指数方法进行组合，根据地表 NDVI 值的变化选择不同的指数模型，为实现对作物不同生长阶段的大规模实时监测提供了可能（魏伟 等，2011）。进一步结合 GIS 技术提供的土壤类型、地形地貌、水系分布、作物种类等下垫面背景数据，可以有效提高监测精度。适当使用高分辨率遥感影像可以有效排除混合像元干扰，更加精细地对农业作物干旱状况进行划分与监测。因此，如何集成现有遥感监测模型和方法，建立高精度实时性干旱遥感监测与预报系统可能会成为今后研究中的主要方向。

4.5　不同类型干旱遥感监测指数在辽西北地区的应用和对比

4.5.1　表观热惯量

热惯量模型是利用热红外遥感数据监测土壤含水量的一种主要方法。热惯量是表达土壤热变化特征的，它与土壤含水量密切相关（郭虎 等，2008；夏虹 等，2005）。因此，可以基于热惯量模型通过地表温度反演土壤水分（黄泽林 等，2008），表示为

$$P = \sqrt{\rho \gamma c} \qquad\qquad (4.1)$$

式中，P 为热惯量；ρ 为密度；γ 为热导率；c 为比热容。

Price(1980)对热惯量法进行了简化，提出了表观热惯量（apparent thermal inertia，ATI）的概念。表示为

$$\text{ATI} = \frac{(1-A)}{(T_{\max} - T_{\min})} \qquad\qquad (4.2)$$

式中，A 为全波段反照率，$A = 0.160\alpha_1 + 0.291\alpha_2 + 0.243\alpha_3 + 0.116\alpha_4 + 0.112\alpha_5 + 0.081\alpha_7 - 0.0015$，$\alpha_1 \sim \alpha_5$、$\alpha_7$ 分别为 MODIS 相应波段的地物反射率（Liang，2001；Liang et al.，2003），$T_{\max}$、$T_{\min}$ 为当天中最高、最低温度，其差值——昼夜最大温差 ΔT 的推算公式为

$$\Delta T = 2 \frac{T(t_1) - T(t_2)}{\sin(\pi t_1/12 + \tilde{\omega}) - \sin(\pi t_2/12 + \tilde{\omega})} \qquad\qquad (4.3)$$

式中，$T(t_1)$ 和 $T(t_2)$ 分别为 t_1、t_2 时刻的地表温度；$\tilde{\omega} = \arccos(-\tan\varphi\tan\delta)$，$\varphi$ 为当地纬度，

δ 为太阳赤纬角。计算结果如图 4.1 所示。

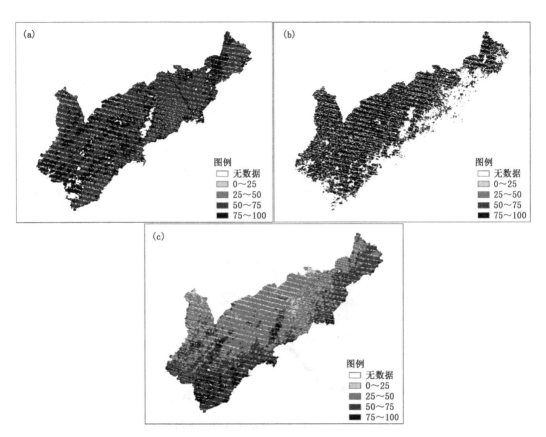

图 4.1　2009 年表观热惯量 ATI 计算结果

（a. 生长前期；b. 生长中期；c. 生长后期）

4.5.2　距平植被指数

归一化植被指数（NDVI）在植被覆盖监测的应用十分广泛（吕蒙 等，2011）。NDVI 对观测条件、大气条件等并不敏感，但与植物的蒸腾作用、光合作用等密切相关（刘海岩 等，2006）。其表达式

$$\text{NDVI} = \frac{\rho_{\text{NIR}} - \rho_{\text{RED}}}{\rho_{\text{NIR}} + \rho_{\text{RED}}} \tag{4.4}$$

式中，ρ_{NIR} 为近红外波段反射率；ρ_{RED} 为红波段反射率。当干旱导致植被缺水时，NDVI 就会减小。在接下来的研究当中，通过 NDVI 发展了距平植被指数（anomalies of vegetation index，AVI），该方法用干旱时段的植被指数减去多年的平均值。其表达式为

$$\text{AVI} = \text{NVDI}_j - \overline{\text{NDVI}_j} \tag{4.5}$$

式中，NVDI_j 为当前值；$\overline{\text{NDVI}_j}$ 为同期多年平均值。多年平均值可以近似地反映出土壤含水平均状况，进一步利用 AVI 计算差值可以反映出当前干旱程度。计算结果如图 4.2 所示。

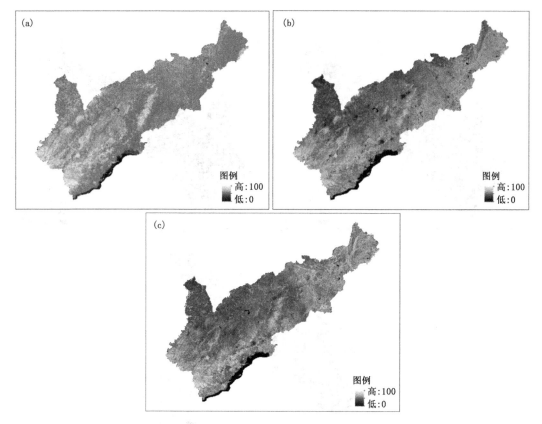

图 4.2　2009 年距平植被指数 AVI 计算结果

（a. 生长前期；b. 生长中期；c. 生长后期）

4.5.3　植被供水指数

Carlson 等（1994）综合考虑了作物受旱时在红光、近红外及热红外波段上的反应，结合归一化植被指数和冠层温度，提出了植被供水指数（VSWI），其定义为

$$VSWI = NDVI/T_c \qquad\qquad\qquad (4.6)$$

VSWI 越大，表明土壤供水充分，植被生长较好，干旱程度越低；反之，VSWI 越小，表明土壤供水不足，植被生长较差，干旱程度越高。T_c 随 NDVI 变化的直线斜率在反映区域土壤湿度状况方面比较理想。由于植被冠层温度很难获取，本书将利用遥感影像反演得到的地表温度来替代植被的冠层温度。计算结果如图 4.3 所示。

4.5.4　模型反演及应用

为了消除不同质地对旱情评价的影响，需要对土壤水分数据进行修正处理，即利用相对含水量来表征土壤湿度，使反演结果更具有可比性（莫伟华 等，2006）。经过计算对土壤表观热惯量（ATI）计算值、距平植被指数（AVI）计算值、植被供水指数（VSWI）计算值分别与土壤各层次深度的实测数据中的土壤相对湿度进行一元线性回归分析，建立它们之间的回归方程，相

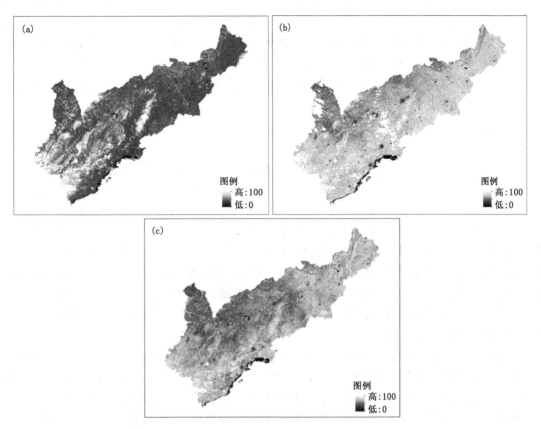

图 4.3 2009 年植被供水指数 VSWI 计算结果

(a. 生长前期；b. 生长中期；c. 生长后期)

关分析及检验结果见表 4.4。在利用统计学方法进行线性拟合时，适当地删除由于云、人工灌溉、混合像元等因素所造成影响的异常值。

表 4.4 不同土层深度下土壤水分与 ATI、AVI、VSWI 的相关分析

时间	深度	ATI		AVI		VSWI	
		R^2	显著性水平	R^2	显著性水平	R^2	显著性水平
生长前期	10 cm	0.492	0.001	0.426	0.014	0.402	0.036
	20 cm	0.322	0.014	0.319	0.078	0.242	0.088
	100 cm	0.283	0.023	0.392	0.039	0.200	0.125
生长中期	10 cm	0.210	0.000	0.433	0.000	0.471	0.000
	20 cm	0.090	0.016	0.318	0.000	0.320	0.000
	100 cm	0.019	0.279	0.178	0.003	0.172	0.010
生长后期	10 cm	0.261	0.036	0.437	0.004	0.475	0.004
	20 cm	0.140	0.139	0.347	0.021	0.356	0.019
	100 cm	0.041	0.433	0.370	0.016	0.377	0.015

　　由以上分析表明,在生长前期,三种指数与土壤含水量都有着较好的相关性,其中,ATI模型在 10 cm 土壤深度有着一定的优势;在地表植被覆盖较高的生长中期,ATI 受其理论的局限,相关性较低,AVI 和 VSWI 在这个时期相关性良好,VSWI 略优于 AVI;在生长后期,ATI 模型相关性略有提高,但仍低于 AVI、VSWI。总体上,三种指数与土壤相对含水量之间的相关性随着土层深度的增加而降低,这说明通过遥感手段监测土壤表层是可行的,但对于较深土层的反演是受局限的。

4.5.5　结论

　　通过对农业干旱遥感监测指数依据其理论基础和在作物不同生长时期的适用性进行比较分类发现,在作物发育前期作物植被覆盖率较低,不能对作物冠层进行有效的监测,基于土壤水分指标的遥感干旱指数更适用于这个时期的监测;在作物返青阶段,作物冠层发育良好、处于部分植被覆盖阶段,结合土壤水分指标的综合遥感干旱指数以及采用农田蒸散双层模型的基于作物特征的干旱指数的监测结果更加准确可行,适用于这个时期的干旱监测;作物生长中期,植被覆盖完全,基于作物形态及生理指标的遥感干旱指数在这个时期有着较好的监测效果,但考虑下垫面因素,综合指数的监测结果则更加准确;成熟阶段,作物冠层光合作用减弱,部分区域由于收割出现裸地,容易产生混合像元,降低遥感影像的精度,各种类型指数在这一阶段都可能出现一定的误差。

　　三种指数模型的反演结果虽然在干旱程度上略有不同,但在整体空间分布上表现比较一致,即受旱区域从西北内陆逐渐向东南方向发展。时间上,在作物生长前期部分地区已显现出干旱迹象,随着持续无雨或少雨,在作物生长中期和后期干旱程度逐渐加深。本书通过三种基于 MODIS 数据的指数模型试图还原此次重大干旱的发生过程,从而对比三种指数模型在实际监测过程中的可行性和有效性,主要结论如下:

　　(1)热惯量法不能应用于浓密植被覆盖区的土壤水分监测已经成为共识(牟伶俐,2006),其针对作物生长前期植被覆盖较低区域的反演精度较高,在高植被覆盖区域的监测效果相对较差。本书在统计学上也证实了该观点,但是从反演结果来看,ATI 模型在中高植被覆盖率下的监测效果也较为符合历史气象资料。分析其原因,一方面可能是因为长期降雨较少,土壤与植被的表层温度变化趋近,使得该模型可以有效应用;另一方面,由于北方昼夜温差较大,普遍高于南方,这样就削弱了土壤水分和植被覆盖条件对地表温度的影响(杨树聪 等,2011)。

　　(2)本书选取 2005—2014 年 10 年 NDVI 平均值作为背景数据,计算了 2009 年的 AVI,研究表明该指数可以有效反映当年作物主要生长季各时期的相对受旱状况,更符合研究区干旱趋势特征。距平植被指数在一定程度上可以减少太阳高度角、大气状态和卫星观测角度等因素带来的误差。在实际监测中,选取年份样本越多,其平均值的代表性就越好。

　　(3)VSWI 虽然结合了冠层温度因素,但在通常情况下,VSWI 仍会夸大植被的影响作用。在实际监测过程中,由于植被(作物)具有一定的抗旱能力,对表层土壤水分变化的响应有一定的延迟,这导致 VSWI 在反演结果上存在一定的滞后性,并不能实时地反映出当时的土壤水分状况。这种滞后性从侧面反映出植被(作物)受旱情况与土壤水分之间的复杂性,在实际应用中,VSWI 更符合农业作物实际干旱状况。

4.5.6　研究展望

　　本书以辽西北地区为研究区域,利用 MODIS 数据和土壤实测数据等资料,通过表观热惯量 ATI、距平植被指数 AVI、植被供水指数 VSWI 三种遥感干旱指数模型反演土壤水分,分析辽西北地区典型干旱年作物主要生长季的干旱情况。结果表明:ATI 和 AVI 可以实时反映出干旱的发生趋势,利用这两种指数可以及时发现干旱并进行早期预警;VSWI 在监测过程中存在明显的滞后性,但更符合作物实际受旱情况。此外,其计算简单,精度较好,适用于大范围的干旱监测与灾后评价。总体上,三种指数模型在一定程度上都可以反映出该地区的干旱状况,考虑到植被(作物)与土壤水分之间的特殊关系以及物理学、生物学上的特性,仅仅通过统计学意义上的回归拟合来确定较优指数并不完全符合实际。此外,部分地区的人工灌溉或者少量降雨对表层土壤水分变化影响较大,同时研究区内地形复杂,山地、丘陵、平原交错,各种因素都间接地影响到反演结果的精度。因此,在具体应用中,还需要考虑研究区特点以及研究目的酌情选择适宜指数方法。

　　虽然对作物不同生长期应用最适干旱监测方法可以有效提高监测效果,但考虑到在具体应用中的复杂性,未来还需要更多的改进。通过将不同指数方法进行组合,根据地表 NDVI 值的变化选择不同的指数模型,为实现对作物不同生长阶段的大规模实时监测提供了可能。进一步结合 GIS 技术提供的土壤类型、地形地貌、水系分布、作物种类等下垫面背景数据,可以有效提高监测精度。适当使用高分辨率遥感影像可以有效排除混合像元干扰,更加精细地对农业作物干旱状况进行划分与监测。因此,如何集成现有遥感监测模型和方法,建立高精度实时性干旱遥感监测与预报系统可能会成为今后研究中的主要方向。

第5章　土壤水分被动微波遥感监测方法与应用

5.1　土壤水分被动微波遥感方法进展

微波波段的对地遥感观测具有全天时、全天候、多极化、对下垫面一定程度的穿透性,并且微波波段的电磁波对土壤水分的反映显著,使得微波遥感所观测地表的散射、辐射特征与土壤水分参数密切相关,其在遥感监测土壤水分方面比其他波段更有优势(Engman et al.,1995),被认为是目前土壤水分遥感探测最具发展潜力的探测手段。

微波遥感按传感器的工作原理可分为主动微波遥感和被动微波遥感。主动微波遥感技术通过传感器向地表发射电磁波、接收回波来获取地表信息,而被动微波遥感技术则通过传感器接收地表相应频段的辐射能量来获取地表信息。主动微波遥感具有较高的空间分辨率,并且对地表粗糙度和植被结构敏感,数据处理复杂;而被动微波具有较高的时间分辨率,并且对土壤水分敏感,数据处理较简单,但空间分辨率较低。此外,较之雷达,辐射计不需要专门的能源装置,它所观测的信号直接来自地表热辐射。

随着传感器硬件技术的不断发展,几十年来国内外发射了多颗星载微波辐射计。最早的是 1978 年搭载在美国雨云卫星上的扫描多通道微波辐射计 SMMR,其空间分辨率为150 km,入射角为 50.3°,幅宽为 780 km,频率为 6.6、10.7、18、21 和 37 GHz。SMMR 数据用于监测土壤水分、季节洪水以及植被监测。之后微波成像辐射计 SSM/I 于 1987 年搭载在美国国防气象卫星计划 DMSP 系列卫星升空,圆锥扫描,入射角为 53.1°,幅宽为 1440 km,频率为 19.3、22.3、37 和 85.5 GHz。由于 SMMR、SSM/I 卫星微波遥感数据的有效利用,基于卫星微波遥感数据的被动微波遥感土壤湿度算法得到了发展。随后,TRMM 微波成像仪 TMI 于 1997 年由热带降雨观测任务卫星 TRMM 搭载升空,入射角为 52.8°,频率为 10.65、19.35、21.3、37 和 85.5 GHz。TRMM 为美日合作研制,为近赤道非太阳同步轨道卫星,根据纬度由低至高,TRMM 每天可以覆盖全球 1～3 次,具有较高的时间分辨率。TMI 与 SSM/I 比较相似,主要不同点在于:TMI 比 SSM/I 增加了 10.65 GHz 的 V 和 H 极化两个通道;在 85.5 GHz 通道 V 和 H 极化两个通道每次扫描的像元数是其他通道的两倍,空间分辨率大大提高。2002 年,美国的 EOS-Aqua 卫星发射,其上搭载的微波辐射计 AMSR-E 成为第一个提供土壤水分业务产品的微波传感器,其分辨率为 25 km,频率为 6.9、10.7、18.7、23.8、36.5 和 89 GHz,每个频率均有 V 和 H 两个通道。我国的风云三号卫星 FY-3 上搭载的微波成像仪也从 2010 年开始提供全球土壤水分产品,其通道设置为 10.65、18.7、36.5、23.8 和 89 GHz,每个频率均有 V 和 H 两个通道,分辨率为 25 km。

L 波段被认为是获取地表土壤水分的最佳波段,与 X 和 C 波段相比它穿透植被的能力更强,并能获取一定深度的土壤水分信息。随着星载传感器技术的发展,近年来国际上陆续发射多颗搭载了 L 波段微波传感器的专门针对全球土壤水分观测的卫星：2011 年，欧空局发射了 SMOS 卫星（soil moisture and ocean salinity），搭载了首个采用合成孔径技术的 L 波段微波辐射计，主要观测全球土壤水分和海洋盐度。2015 年，美国发射了 SMAP 卫星（soil moisture active and passive），其上同时搭载了主动和被动微波传感器，一方面利用雷达的高空间分辨率的优势，另一方面利用了被动微波遥感反演土壤水分精度更高的优势。

　　与主动微波遥感相比，被动微波遥感土壤湿度研究开展得较早，其算法种类多（Calvet et al. ,2011；Jackson, 1993），也更成熟。特别是随着微波传感器的不断发展和微波遥感数据的有效利用，基于卫星微波遥感数据的被动微波遥感土壤湿度算法得到了长足的发展。目前，微波遥感土壤水分依然成为当前的一个研究热点和难点。可以说，通过微波遥感技术监测土壤水分时空变化规律，将大大提高和完善水文和气象模型的预报精度，并为农业生产和灾害监测提供准确的数据，因而将在气象、水文、农业、环境灾害等领域有十分重要的应用价值。

5.2　土壤水分被动微波反演原理

5.2.1　被动微波遥感反演土壤水分的相关基本物理概念

5.2.1.1　亮度温度和发射率

　　被动微波遥感是一种无源遥感，是以测量电磁波谱微波波段的热辐射为基础的，辐射计接收到的能量是来自目标自身的辐射；这是因为根据黑体辐射定律，任何物体都具有热辐射。黑体是一种理想的辐射体，它的吸收率为 $\alpha = 1$。根据 Kirchhoff 定律，物体的吸收率 α 等于其发射率 e。因而，黑体的发射率为 1。事实上，普通物体的热辐射比黑体要小，且辐射强度与辐射方向和极化相关。若在方向 Ω 上观测到物体 p 极化的辐射单位强度为 $I_p(\Omega)$，则可用一个称之为亮度温度的量 $T_{Bp}(\Omega)$ 表示物体辐射的等效温度：

$$T_{Bp}(\Omega) = I_p(\Omega)\,\frac{\lambda^2}{K} \qquad (5.1)$$

式中，λ 为波长；K 为玻尔兹曼常数。并且，若物体的热力学温度为 T，则发射率定义为

$$e_p(\Omega) = T_{Bp}(\Omega)/T \qquad (5.2)$$

　　被动微波遥感中，辐射计所能够观测的即为亮度温度，而 $e_p(\Omega)$ 是由目标物体的特性决定的，因而它是对地被动微波遥感中最关键的物理参量之一。

5.2.1.2　面目标辐射和散射的关系

　　基尔霍夫定理描述了物体发射和吸收之间的关系。对于处于热平衡中的物体，这也给出了发射和散射之间的关系的定量描述，于是散射系数发射率就联系起来了；这在被动微波遥感中尤其重要。它也是本书中用散射模型来模拟地表辐射问题的理论依据。基尔霍夫定理给出了物体吸收率和发射率之间的关系，由此，可以最终得出如下关系：

$$e_p(\Omega) = 1 - \frac{1}{4\pi\cos\theta}\int_0^{2\pi}\int_0^{\pi/2}(\sigma_{pp}^0(\Omega_s,\Omega) + \sigma_{pq}^0(\Omega_s,\Omega))\sin\theta_s\mathrm{d}\Omega_s \qquad (5.3)$$

式中，e_p 为极化发射率；σ_{pp}^0 为双站同极化散射系数；Ω_s 为单位立体角；Ω 为半球立体角 2π；σ_{pq}^0 为双站交叉极化散射系数。这给出了利用双站散射系数得到发射率的一个公式，它常用来表征主动和被动微波遥感的关系。

5.2.1.3　土壤表面参数描述

在被动微波遥感中,土壤表面的特性决定着辐射计所接收信号的特征,这主要包括了土壤的物理参数和土壤表面几何参数。其中,物理参数主要指的是土壤的物质结构特性及其对电磁波的反应特性,即介电特性。由于真实地表为粗糙随机表面,很难准确地去描述,所以,只能抓住其主要特征,用主要的参量去尽可能逼近实际地表的描述。

土壤的组成很复杂,总的来说是由矿物质、有机质等固体颗粒,还有水分和空气等三项组成的。土壤是由不同粒级的颗粒组成,颗粒粒径的大小直接影响着土壤各种物理特性。土壤组成的分类是以土壤中各粒级含量的相对百分比作为标准。通常采用三级分类法,即根据沙粒($0.02 \sim 2$ mm)、粉沙粒($0.002 \sim 0.02$ mm)和黏粒(< 0.002 mm)在土壤中的相对含量,可以把土壤颗粒分为沙、粉沙、黏土三种。

5.2.1.4　土壤水分

土壤水分是土壤中各种形态水分的总称,为土壤的重要组成部分。在遥感研究中,它是对于土壤的介电特性最重要的影响因素;附于土壤基质中的土壤水代表了土壤中孔隙部分,它由两部分组成:土壤孔隙中空气占有的部分(v_g / v_t,v_g 为气体体积,v_t 为土壤容积)和土壤水占有的部分(v_l / v_t,v_l 为液体体积,v_t 为土壤容积)。土壤水含量能够用三种形式表示:

(1)土壤体积含水量:土壤中水分占有的体积和土壤总体积的比值 $m_v = v_l / v_t$。

土壤体积含水量=水分容积/土壤容积×100%=土壤含水量(重量%)×土壤容重

(2)土壤重量含水量:土壤中水分的重量 m_w 与相应固相物质重量 m_s 的比值 $m_g = m_w / m_s$。

土壤重量含水量%=(原土重-烘干土重)/烘干土重×100%=水重/烘干土重×100%

(3)饱和度:$s = v_l / (v_l + v_g)$。

重量含水量和体积含水量之间可由 $m_v = m_g \cdot (\rho_b / \rho_w)$ 转化,其中 ρ_b 为土壤体密度,ρ_w 为纯水密度,常温常压下 $\rho_w = 1$。土壤体积含水量的值从 0 到饱和,在农业和水文研究中,当土壤被灌溉 2 d 后的含水量被定义为田间持水力;生长于其中的植被处于枯萎状态,且不能恢复时的土壤湿度被定义为永久枯萎点。田间持水力和永久枯萎点为植被能正常生长的土壤湿度的上界和下界。

5.2.1.5　土壤质地

土壤是由固相(矿物质、有机质)、液相(土壤水分)、气相(土壤空气)等三项物质组成的,它们之间是相互联系、相互转化、相互作用的有机整体。土壤物理性质包括土壤质地、土壤结构、孔隙度等,这些都会影响土壤的排水、蓄水能力等。土壤是由许多大小不同的土粒按不同的比例组合而成的,这些不同的粒级混合在一起表现出来的土壤粗细状况,称为土壤质地,亦称土壤机械组成。按照砂粒($0.02 \sim 2$ mm)、粉粒($0.002 \sim 0.02$ mm)、黏粒(< 0.002 mm)三种粒级的百分数,划为砂土、壤土、黏壤土、黏土四类十二级。不同质地的土壤,其粒间孔隙以及土粒与团聚体外围的水膜都有不同特性,并且土壤毛管水传导度也不同,因此影响着土壤水分情况(朱鹤健 等,1992)。

5.2.1.6　土壤介电特性

土壤的复介电常数用以下形式表示:$\varepsilon = \varepsilon' - j\varepsilon''$,$\varepsilon'$ 为复介电常数的实部,它决定介质的相对介电常数,与波的传播和去极化有关,也决定着散射能量的多少;ε'' 为复介电常数的虚部,与入射电磁波在介质中的衰减(吸收和转化)有关。

(1)干土的介电常数

没有液态水存在的土壤称为干土,它的微波介电常数实部 ε'_{soil} 的变化范围为 2～4,而且基本上与频率、温度无关。虚部 ε''_{soil} 的典型值小于 0.05。

具体来讲,干土是由空气和具有介电常数 ε_{ss}、密度 ρ_{ss} 的固体土壤材料组成的混合物。采用两相混合物的折射模型,干土的介电常数公式为(Ulaby et al. ,1987):

$$\varepsilon'_{soil} = \left[1 + v_s(\varepsilon_{ss}^{1/2} - 1)\right]^2 \tag{5.4}$$

式中,$v_s = \rho_b/\rho_{ss}$,为土壤固体的体积含量;ρ_b 为干土密度;ρ_{ss} 为土壤固体密度。

(2)湿土的介电常数

湿土中水分主要有两种形式:束缚水和自由水。束缚水指由吸附力保持在土壤颗粒周围的水分,其他的水分统称为自由水。自由水又包括毛细水和重力水。它们不同的存在方式决定了其介电特性不同。

自由水一般当作盐水处理,目前普遍使用的含盐水介电常数与频率的 Debye 型公式如下:

$$\varepsilon'_f = \varepsilon_{f\infty} + \frac{\varepsilon_{fs} - \varepsilon_{f\infty}}{1 + (2\pi f\tau)^2}$$

$$\varepsilon''_f = \frac{2\pi f\tau(\varepsilon_{fs} - \varepsilon_{f\infty})}{1 + (2\pi f\tau)^2} + \frac{\sigma}{2\pi\varepsilon_0 f} \tag{5.5}$$

式中,下标 f 指自由水;ε_{fs} 和 $\varepsilon_{f\infty}$ 分别为静态介电常数和无穷大频率时的介电常数,ε_0 为自由空间介电常数;τ 为自由水的弛豫时间,f 为频率;σ 为自由水溶液的粒子导电率。其中,自由水溶液介电常数与温度和盐度的关系主要体现在它们对 ε_{fs}、τ、σ 的影响上(Stogryn,1971)。

水的弛豫频率对水的介电常数影响至关重要。束缚水因受到非电磁力的作用,所以其弛豫频率显著低于自由水。根据实验结果得到的束缚水的介电常数的 Debye 型方程为

$$\varepsilon_b = \varepsilon_{b\infty} + \frac{\varepsilon_{bs} - \varepsilon_{b\infty}}{1 + (jf/f_{b\infty})^{1-\alpha}} \tag{5.6}$$

式中,下标 b 指束缚水;α 为弛豫参数,它是描绘弛豫时间分布的经验参数。

(3)Dobson 介电常数模型

土壤是由空气、固态土壤、束缚水和自由水 4 种物质组成的介电混合体,各个组分对土壤介电常数都有重要影响。本研究中,土壤的介电模型采用 Dobson 等(1985)提出的半经验模型,由于 Dobson 半经验介电模型适用电磁波频率范围宽,且模型中参数不依赖于具体土壤类型,这一模型已被广泛用于土壤复介电常数计算。为参考方便,本书给出 Dobson 半经验介电常数模型在 1～18 GHz 频率范围的具体形式:

对于一定体积含水量为 m_v 的土壤,在入射电磁波频率为 1～18 GHz 时,其复介电常数由下式给出:

$$\varepsilon_m^\alpha = 1 + \frac{\rho_b}{\rho_s}(\varepsilon_s^\alpha - 1) + m_v^\beta \varepsilon_{fw}^\alpha - m_v \tag{5.7}$$

式中,参数 $\alpha = 0.65$;ε_m 为土壤复介电常数;m_v 为土壤体积含水量;ρ_b 为土壤体密度;ρ_s 为土壤中固态物质密度,对于不同类型土壤,其固态物质密度差别不大,一般取 $\rho_s = 2.66$;ε_s 为土壤中固态物质介电常数,且 $\varepsilon_s = (1.01 + 0.44\rho_s)^2 - 0.062 \approx 4.7$;$\varepsilon_{fw}$ 为纯水的介电常数,其实部和虚部分别由以下两式给出:

$$\varepsilon'_{fw} = \varepsilon_{w\infty} + \frac{\varepsilon_{w0} - \varepsilon_{w\infty}}{1 + (2\pi f \tau_w)^2} \tag{5.8}$$

$$\varepsilon''_{fw} = \frac{2\pi f \tau_w (\varepsilon_{w0} - \varepsilon_{w\infty})}{1 + (2\pi f \tau_w)^2} + \frac{\sigma_{\text{eff}}}{2\pi \varepsilon_0 f} \tag{5.9}$$

以上两式中各参数含义如下：

$\varepsilon_{w\infty} = 4.9$，为高频段纯水介电常数上限；

ε_{w0} 为纯水静态介电常数，是温度 $T(\text{℃})$ 的函数，具体形式如下：

$$\varepsilon_{w0}(T) = 88.045 - 0.4147T + 6.295 \times 10^{-4} T^2 + 1.075 \times 10^{-5} T^3 \tag{5.10}$$

τ_w 为纯水的弛豫时间（单位为秒），为温度 T 的函数：

$$2\pi \tau_w(T) = 1.1109 \times 10^{-10} - 3.824 \times 10^{-12} T + 6.938 \times 10^{-14} T^2 - 5.096 \times 10^{-16} T^3 \tag{5.11}$$

ε_0 为自由空间电导率，$\varepsilon_0 = 8.854 \times 10^{-12} \text{F/m}$

β 为与土壤类型有关的复数参数，其实部与虚部与土壤中砂土含量（$S\%$）和黏土含量（$C\%$）的关系分别为

$$\beta' = (127.48 - 0.519S - 0.152C)/100 \tag{5.12}$$

$$\beta'' = (1.33797 - 0.603S - 0.166C)/100 \tag{5.13}$$

σ_{eff} 为有效导电率，在 $3 \sim 18$ GHz，其表达式为

$$\sigma_{\text{eff}} = -1.645 + 1.939\rho_b - 0.02013S + 0.01594C \quad (3 \sim 18 \text{ GHz}) \tag{5.14}$$

$$\sigma_{\text{eff}} = 0.0467 + 0.2204\rho_b - 0.4111S + 0.6614C \quad (0.3 \sim 1.3 \text{ GHz}) \tag{5.15}$$

对于各种土壤类型，介电常数的实部都远远大于其虚部，并且不同质地的土壤介电常数存在差异。相同土壤体积含水量条件下，土壤介电常数的实部随土壤中砂土含量的减小而减小。

5.2.1.7 地表粗糙度

土壤表面几何特性主要用地表粗糙度来描述。地表粗糙度是传感器接收到信号的主要影响因素之一。地表粗糙度通常用两个参数表示：表面高程的标准偏差（均方根高度）σ 和表面相关长度两个统计变量，这两个参数分别从垂直和水平两个方向上描述地表粗糙度。它们都是相对于一种基准表面而言的。基准表面可以是周期性结构的平均表面，也可以是平均常值表面，这时只存在随机变量。具体定义如下：

均方根高度：

假设一表面在 $x-y$ 平面内，其中一点 (x,y) 的高度为 $z(x,y)$，在表面上取统计意义上有代表性的一块，尺度分别为 Lx 和 Ly，并假设这块平面的中心处于原点，则该表面平均高度为

$$\bar{z} = \frac{1}{LxLy} \int_{-Lx/2}^{Lx/2} \int_{-Ly/2}^{Ly/2} z(x,y) \mathrm{d}x \mathrm{d}y \tag{5.16}$$

其二阶矩为

$$\overline{z^2} = \frac{1}{LxLy} \int_{-Lx/2}^{Lx/2} \int_{-Ly/2}^{Ly/2} z^2(x,y) \mathrm{d}x \mathrm{d}y \tag{5.17}$$

表面高度的标准离差（均方根高度）σ 就为

$$\sigma = (\overline{z^2} - \bar{z}^2)^{1/2} \tag{5.18}$$

表面高度分布相关函数和相关长度：

一维表面剖视值 $z(x)$ 的归一化自相关函数可以定义为

$$\rho(x') = \frac{\int_{-Lx/2}^{Lx/2} z(x)z(x+x')\mathrm{d}x}{\int_{-Lx/2}^{Lx/2} z^2(x)\mathrm{d}x} \tag{5.19}$$

它是 x 点的高度 $z(x)$ 与偏离 x 的另一点 z' 的高度 $z(x+x')$ 之间相似性的一种度量,当相关函数 $\rho(x')=1/e$ 时的间隔 x' 值被称为表面相关长度。

由相关函数可以定义其对应的 n 阶功率谱:

$$W(k) = \int \rho^n(x) J_0(kx) x \mathrm{d}x \tag{5.20}$$

可以看出,n 阶功率谱即为相关函数 n 次幂的傅里叶变换,其中变换的基底选的 Bessel 函数。

实际地表辐射模拟中,常用到的相关函数类型为高斯相关 $\rho(\xi) = \exp(-\frac{\xi^2}{l^2})$ 和指数相关 $\rho(\xi) = \exp(-\frac{|\xi|}{l})$,这 2 种函数对应的粗糙面的一维剖面,模拟结果如图 5.1 所示。

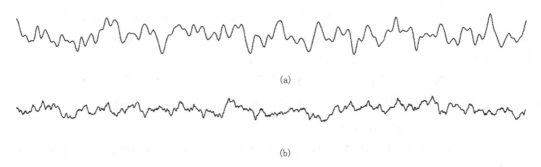

(a)

(b)

图 5.1　粗糙表面一维抛面示意图(a. 高斯相关类型;b. 指数相关类型)

5.2.2　被动微波遥感反演方法简述

用被动微波遥感来估算土壤水分的算法研究开展得比较早(Njoku et al.,1999;O'Neill et al.,1996;Schmugge et al.,1974;Schmugge et al.,1986),早期的算法都可归结为经验算法或统计算法,它们一般仅具有局地应用价值。随着微波遥感理论特别是微波遥感正向模型的发展,理论算法已成为目前微波遥感土壤水分算法发展的主流。

正向模型中包含的未知参数较多,为了最终实现土壤水分的反演,还需要多种辅助数据来评估其他可能对土壤水分反演产生影响的参数。在 Calvet 等(2011)提出的被动微波遥感土壤水分制图的流程中,整个流程的各个反演阶段,需要其他类型的数据源来对植被粗糙度影响进行纠正。再者,在各个反演阶段,纠正其他各种参数的影响时,也用到不同的模型,比如反演的最后一步,由前面步骤估计出土壤介电常数,并且引入土壤的纹理和质地信息来求土壤水分时,要用到土壤介电常数模型作为反演理论基础,并且在实际应用中有很多反演算法是利用多极化、多波段或者多角度信息来反演,或者采用主被动联合进行反演。

利用不同的微波遥感正向模型和不同的观测数据,有多种算法用于被动遥感土壤水分反演,常见的土壤水分反演算法大致可以分为以下几类。

5.2.2.1　基于统计的反演方法

所谓统计方法,是对一系列传感器观测数据作经验性的统计描述和相关分析,建立遥感数据与地面实测土壤水分含量之间的线性回归方程,这是一种直接的统计相关关系,其主要优点是简单、适应性强,但其理论基础不完备,缺乏对物理机理的足够理解和认识,参数之间缺乏逻辑关系。它们一般仅具有局地应用价值,对不同地区、不同条件,往往可以得出多种统计规律,所建立的统计模型缺乏广泛的普遍适用性。

利用被动微波遥感反演土壤水分的统计方法包括两种,一种是利用基于多种大量观测值进行分类,例如一些研究者利用 SSM/I 数据和亮温的阈值,根据微波对不同地表类型的响应,并与数字地表类型图对比,发展了各种分类规则来识别茂密植被、森林、水体、农田、干和湿的裸露土壤等(Hallikainen et al.,1988;Neale et al.,1990)。另一种方法是建立土壤水分和微波发射率、植被微波指数组合的统计关系,通过微波发射率和植被微波指数的组合修正土壤粗糙度和植被的影响,从而获得土壤水分含量。O'Neill(1985)建立了标准化 TB 与体积百分比土壤湿度之间的线性关系。Schmugge 等(1986)引入田间持水能力 FC(field capacity),作为土壤湿度的一个指示因子,建立了亮度温度与 FC 之间的线性关系。随着卫星微波遥感数据的有效利用,在一些研究中引入前期降雨指数 API 和微波极化差指数 MPDI 等土壤湿度和植被生物量的指示因子,建立了观测亮温和这些指数之间的线性关系(Paloscia et al.,2001)。Pellarin 等(2003)使用统计的方法基于全球的 L 波段模拟的亮温数据进行水分的反演,所反演的土壤水分可以表示为由不同角度和双极化计算出来的微波指数的线性组合。

5.2.2.2　基于正向模型的反演算法

遥感正向模型是指描述在遥感过程中从电磁波传播所经媒质中提取的特征参数和传感器所接收信号之间关系的模型,在被动微波遥感中,这个正向遥感过程是指随机粗糙地表的微波辐射在经过植被、大气等介质到被传感器接收的整个过程。正向模型的输入是地表的各个参数,输出则为传感器所观测的辐射特性,所谓的反演过程就是通过输出参数来求得输入参数。然而通常微波遥感正向模型中包含的未知参数较多,大多数模型不能求出其反函数的解析表达式。因此要由辐射观测值得到地表参数,则不得不进行必要的假设、简化和近似,或者借助数据方法进行迭代反演。因此,基于正向模型的反演的思路又可以大致分为以下两种。

(1)利用正向模型在典型的模型输入参数范围内进行模拟并且建立数据库。然后,以此模拟数据库作为基础,对地表各个参数对模拟结果的影响以及它们之间的函数关系进行恰当的分析和处理。对此作出合理和正确的判断后,建立起能够把输入和输出联系起来的一个易于反演的经验或者半经验关系式。这种方法有很大的优点,反演算法形式比较简洁,因此反演的计算量较小,反演速度快,并且由于其始发于正向模型,因而只要正向模型精确,则反演的精度相对较高。

(2)微波遥感正向模型大多不能求出其反函数的解析表达式,因此另外一种方法就是依赖计算机进行迭代反演。一般的模型反演问题可以描述为:根据一些观测值,确定独立的模型参量,使通过正向模型计算的发射率(或其他的传感器所能得到的参数)与观测值拟合误差最小,对观测值的拟合效果由代价函数判断。这种类型的算法一个典型例子就是 Njoku 等(1999)为 AMSR-E 传感器开发的反演地表参数的迭代算法,该方法可以通过 Levernberg-Marquardt 算法来实现。另外还可以用正向模型模拟数据来构造查找表,或者是用来训练神经网络从而进行地表参数反演。此外,还可以借助同化手段用来进行地表参数的反演(Burke et al.,1997;Entekhabi et al.,1994)。

5.2.2.3　数据同化方法

数据同化方法已经用于地表土壤水分反演以及从时间序列的亮温反演温度剖面的研究中。所谓"同化",在这里就是把各种时空上不规则的零散分布的遥感观测数据融合到基于物理规律的模式当中的方法,这种基于物理规律的模式包括地表、植被、大气三层介质的传输模型以及辐射传输方程等。

5.2.3　裸土地表土壤水分反演

5.2.3.1　裸露粗糙地表的散射与辐射模型

土壤表面的辐射信号是传感器探测到的极为关键的一部分,正是这部分信号携带着土壤的信息,从而可以从中提取土壤的一些物理参数,即土壤水分等。地表常被描述为一个随机粗糙表面,它的散射和辐射模拟是其他的更为复杂地物的遥感正向模型关键的一个部分。而裸露地表的辐射模型是直接与地表土壤信息联系的,这为土壤参数反演提供了直接通道。用于描述地表辐射或反射特征的模型有物理模型和半经验模型。

20 世纪 60 年代以来,出现了各种微波散射与辐射模型,其中被广泛接受和使用的主要有基尔霍夫近似 KA(kirchhoff approach)以及小扰动法 SPM(small perturbation method),前者在不同粗糙度情况下又可通过驻留相位近似法与标量近似法分别得到几何光学模型 GOM (geometrical optics model)和物理光学模型 POM(physical optics model)。这些模型适用于不同的粗糙地表,而在它们之间没有稳定的过渡。Fung 等(1992)提出了用积分方程模拟粗糙地表散射与辐射情况的模型,称为积分方程模型 IEM(integrated equation model),与基尔霍夫近似以及小波扰法相比,积分方程模型的适用范围更广,同时,由于积分方程模型最终使用了代数形式表达,从而在运算量上低于能够得到精确解的数值模拟方法(如时域法——MM (method of moment))。在 IEM 基础上发展而来的改进的积分方程模型(AIEM)(Chen et al.,2003;Wu et al.,2004)对补偿场系数中格林函数及其梯度相位的简化进行改进,并保留了单次散射系数推导中的一些项目,能更准确地描述地表,适用于更大的表面粗糙度范围。EAIEM 在 AIEM 的基础上进一步进行了扩展和改进,提高了模型精度和普适性(Du,2008)。

5.2.3.2　粗糙地表半经验辐射模型

理论模型基于麦克斯韦方程,推导过程复杂,形式上偏多重积分,难以直接用于反演。而经验模型往往直接建立土壤水分与卫星观测值的关系,这种简单的关系常建立在某个植被和地表比较均一且稳定的实验场内,并且需要大量辅助数据,因而适用范围有限,很难推广到其他区域。半经验模型则折中理论模型与经验模型,形式简洁且适用性较经验模型好,目前大多土壤水分反演过程中的地表辐射部分都采用了半经验模型。常用的半经验模型有 Q/H 模型、H_p 模型以及 Q_p 模型。Q/H 模型假设在不同 V 和 H 极化下粗糙度对有效反射率具有相同的影响,而实际上,对于大角度而言,粗糙度对不同极化的影响则呈相反趋势。事实上,Q/H模型消除地表粗糙度的效果并不是很好,且 Q/H 模型中用到的粗糙度参数是一种有效的粗糙度参数,并不是实际可测量的粗糙度参数,可操作性差。而且 Q/H 模型中描述粗糙度效应对 V、H 极化具有相同影响,这会使得在有效反射率比较大的情况下产生低估的情况。

Q_p 参数化模型是基于 AIEM 发展而来的地表发射率模型,该模型从垂直极化和水平极化亮温观测中快速有效地去除地表粗糙度的影响,避免了 Q/H 模型地表粗糙度效应描述不准确所带来的误差,从而获取光滑地表反射率,得到土壤水分含量。

5.2.4 植被覆盖地表土壤水分反演

在裸露地表情况下,微波传感器探测到的辐射信号主要受土壤水分以及地表粗糙度等的影响;而在植被覆盖区,还要受到植被层的类型、结构以及植被含水量等参数的影响。为了反演植被覆盖地表的土壤水分,必须校正植被和地表粗糙度对地表发射率的影响,因而有必要对植被覆盖地表建立正确的微波散射模型,以正确理解植被各物理参数(植被散射体的含水量、形状、尺寸、结构等)以及地表参数(均方高度、相关长度、土壤水分等)对地表发射率的影响。

多数情况下,土壤表面有植被覆盖。植被层不仅能衰减来自底层土壤的辐射信号,同时自身也会发射电磁波。当植被覆盖增加时,微波甚至不能穿透植被层而获取底层土壤信息,给土壤水分的反演带来很大的困难。实际上,植被覆盖是影响土壤水分产品精度的最主要因素。零阶近似微波辐射传输模型中的两个主要参数为单次散射反照率和植被光学厚度,其数值大小与植被含水量、植被类型及结构以及生长状况等多种因素有关。在被动微波土壤水分反演算法中,植被光学厚度是进行植被影响校正的必要参数。目前常见的植被校正方法有以下几种。

(1)利用光学遥感的辅助数据估算植被光学厚度。利用这些数据建立反演算法或对现有模型进行参数校正或改进,从而估算出植被覆盖下的土壤水分。如单通道(single channel algorithm, SCA)算法中使用 MODIS 的 NDVI 计算植被含水量(Bindlish et al. ,2015;Calvet et al. ,2011;Jackson et al. ,1991;Shi et al. ,2006),进而与光学厚度建立经验关系。但是 NDVI 数据在浓密植被覆盖条件下容易达到饱和,无法估计较高的植被含水量,并且该方法多具经验性,反演精度随地区不同而发生变化。有学者在辐射传输方程中将其合并为一个参数以减少未知变量的个数(Njoku et al. ,2006;Pan et al. ,2014)。

(2)当相互独立的微波观测通道较多时,也可使用迭代算法进行统一反演。例如 AMSR-E 和 SMOS 中所采用的迭代算法,可以同时反演出土壤水分以及植被的光学厚度等信息。但其弊端为迭代算法容易产生多解的问题,从而对植被信息产生错误的判断,比如 SMOS 反演的植被参数缺失明显的季节特征。

(3)综合考虑植被和粗糙度影响,植被和粗糙度对微波辐射的影响存在类似的负指数关系和去极化效应。有学者在辐射传输方程中将其合并为一个参数以减少未知变量的个数(El Hajj et al. ,2016;Ming et al. ,2014),从而达到反演土壤水分的目的。

(4)发展基于微波观测的植被指数,以达到分离植被和土壤信号的目的,并充分发挥微波观测对于植被特征的独特表征。例如,Shi 等(2006)提出被动微波植被指数理论(microwave vegetation indices, MVIs)并应用于 AMSR-E 数据,能提高对于植被参数的定量表达(Bousbih et al. ,2017;张祥,2017)。微波植被指数可直接由卫星多频率多极化亮温数据计算得到,并且只与植被信号有关。与光学的 NDVI 相比,NDVI 只反映植被的绿度信息,而微波植被指数则能反应植被的生物量、植被含水量和植被结构等 NDVI 无法提供的信息。

5.3　风云三号微波成像仪土壤水分反演产品介绍

5.3.1　风云三号微波成像仪简介

风云三号卫星(FY-3 satellite)是我国研制发射的新一代极轨气象卫星,其携带的微波成像仪 MWRI(microwave radiation imager),可观测 10～89 GHz 的 5 个频段共 10 个通道的亮温,可用于全球土壤水分的监测。目前为止已发射风云三号 A 星(2008 年 5 月发射)、B 星(2010 年 11 月发射)、C 星(2013 年 9 月发射)、D 星(2017 年 11 月发射)。风云三号卫星上搭载的微波成像仪是我国第一个星载微波遥感仪器。微波成像仪可全天候监测台风等强对流天气,获取大气可降水总量、云中液态水含量、地面降水量等重要信息。利用全球亮温数据,可以得到全天候洋面风速和温度、冰雪覆盖、陆表温度和土壤水分等重要地球物理参数。为灾害性天气监测、水循环研究、全球气候和环境变化研究提供重要数据。

微波成像仪在 10.65～89 GHz 频段内设置 5 个频点,每个频点包括垂直和水平两种极化方式。89 GHz 通道对降水散射信号非常敏感,主要用于获取地面降水信息;23.8 GHz 为水汽吸收通道,与其他频点观测亮温配合能够反演全球大气和降水信息;18.7 和 36.5 GHz 通道针对冰雪微波辐射特性设置,利用这两个频点接收的微波辐射亮温能够定量获取地表雪盖、雪深和雪水当量信息;同时 36.5 GHz 还能够用于全球陆表温度的反演;低频 10.65 GHz 通道具有穿透云雨大气的能力,并且对地表粗糙度和介电常数比较敏感,主要用于全天候获取全球海表温度、风速、土壤水分含量等地球物理参数。

微波成像仪为高灵敏度全功率成像辐射计,扫描方式为圆锥扫描,扫描周期为 1.7 s。主抛物面天线绕视轴旋转扫描,在 ±52°范围内对地观测,接收大气和地球表面的微波辐射能量;在 197°～203°是暖黑体定标区,天线波束经热定标反射镜指向宽孔径辐射源;在 264°～276°是冷黑体定标区,天线波束经冷空反射镜指向冷空间,这时接收到的是 2.7 K 宇宙背景辐射亮温。微波成像仪包括天线、接收机、信息处理与控制、定标、电源、扫描驱动、结构和展开、热控 8 个子系统。微波成像仪 1 m 口径天馈系统将地表微波辐射汇集到接收机前端,地面处理系统将接收机输出的不同通道电压计数值通过两点定标转换为实际地表目标微波辐射亮温。

FY-3/MWRI 获取的 5 个频段共 10 个通道的亮温,根据地表对不同频率和不同极化通道的响应特性,FY-3/MWRI 可用于监测包括土壤水分,雪水当量等地表参数。FY-3/MWRI 的主要仪器参数见表 5.1。由于卫星仪器的原因,风云三号 A 星上搭载的微波成像仪未能实现持续开机,因此目前的风云三号微波成像仪数据主要是从风云三号 B 星发射后开始不断累积。

表 5.1　FY-3 微波成像仪通道特性

频率(GHz)	10.65	18.7	23.8	36.5	89
极化	V/H	V/H	V/H	V/H	V/H
带宽(MHz)	180	200	400	400	3000
灵敏度(K)	0.5	0.5	0.5	0.5	0.8
定标精度(K)	1.5	1.5	1.5	1.5	1.5

频率(GHz)	10.65	18.7	23.8	36.5	89
地面分辨率(km)	51×85	30×50	27×45	18×30	9×15
动态范围(K)	3～340				
采样点数	240				
扫描方式	圆锥扫描				
幅宽（km）	1400				
天线视角(°)	45±1				

5.3.2　风云三号微波成像仪土壤水分产品简介

5.3.2.1　产品定义

风云三号微波成像仪土壤水分产品是利用微波成像仪 MWRI 的 L1 级亮温数据反演得到的全球地表土壤水分,分辨率为 25 km。其中,地表土壤水分指土壤表层体积含水量,定义为单位体积土壤中所含水分的体积,单位为 cm^3/cm^3。其正常范围为 0～1。

5.3.2.2　产品规格

风云三号微波成像仪土壤水分产品覆盖范围为全球,投影方式为 25 km 分辨率 EASE-GRID 网格投影。

风云三号微波成像仪土壤水分产品包括:风云三号微波成像仪地表土壤水分日产品、土壤水分旬产品和土壤水分月产品。

土壤水分日产品:包括土壤水分升轨日产品和降水日产品,分别为利用 MWRI 升轨和降轨的相关通道亮温数据通过反演模型计算获取的土壤水分日合成值。

土壤水分旬产品:在 MWRI 土壤水分日产品基础上进行质量判识和旬平均,包括土壤水分升轨旬产品以及降轨旬产品。

土壤水分月产品:在 MWRI 土壤水分日产品基础上进行质量判识和月平均,包括土壤水分升轨月产品以及降轨月产品。

5.3.2.3　产品生成原理

风云三号微波成像仪土壤水分算法采用的是单频率双通道反演算法,是在借鉴单频率单通道算法的基础上,改进了对地表辐射的表述而提出来的。该算法同时利用了 FY-3/MWRI 的 X 波段 V 和 H 极化亮温来反演土壤水分。风云三号微波成像仪每天两次测量地球表面的微波辐射,所获取的微波辐射亮度温度对土壤含水量极为敏感,但同时也受到植被、地表粗糙度、土壤质地和地表温度等因素的影响。在风云三号微波成像仪土壤水分反演算法中,我们结合光学传感器观测及理论模型,着重解决了植被校正、地表粗糙度校正和微波有效地表温度估算等技术难点。风云三号微波成像仪土壤水分算法具体分为以下三步:数据预处理、裸土土壤水分反演和植被校正。

（1）数据预处理

数据预处理包括读取辅助数据、地面物理温度的计算和微波发射率的计算、判定并滤除不适合微波土壤水分反演的区域等步骤。辅助数据主要包括全球土地覆盖类型、土壤质地和光学植被指数等数据。在应用辐射计土壤水分反演算法之前,还必须首先判定土壤水分的可反演性。也就是要判定并滤除陆地上积雪、冻土以及植被浓密等不适合土壤水分反演的情况。风云三号微波成像仪土壤水分算法中采用 Grody 等(1996)的研究成果,制定了相应的判定条件。

(2)裸露土壤水分反演

裸露地表土壤水分反演主要采用的基于 Q_p 参数化模型的方法(Shi et al.,2006)。Q_p 参数化模型是基于 AIEM 发展而来的最新地表发射率模型。基于 Q_p 参数化模型,Shi 等(2006)发展了一种反演裸露地表土壤水分的方法,适用于 AMSR-E、SSM/I、SSM/R 和 TMI 等被动微波传感器。

$$r_{sp} = Q_p \cdot r_q + (1 - Q_p) \cdot r_p \tag{5.21}$$
$$e_p = Q_p \cdot t_q + (1 - Q_p) \cdot t_p \tag{5.22}$$

式中,r_{sp} 为粗糙地表有效反射率;e_p 为地表发射率;Q_p 为粗糙度参数;r_p 和 t_p 分别为菲涅尔反射率和透射率。

根据对 AIEM 模型对粗糙地表的发射率进行模拟,得到宽的地表参数范围下的地表发射率数据集,对模拟的数据库进行分析,发现 Q_p 参数与粗糙度参数 s(均方根高度)和 l(相关长度)的商即 s/l 之间存在一定的关系。通过回归分析,得到

$$\lg[Q_p(f)] = a_p(f) + b_p(f) \cdot \lg(s/l) + c_p(f) \cdot (s/l) \tag{5.23}$$

参数 a、b、c 取决于传感器的频率和极化,可通过对 AIEM 模型模拟数据库回归得到。从总的趋势来看,Q_v 随频率增加略微减小,Q_h 则随频率增加而略微增加,且 Q_p 随频率的变化是线性的,亦即若某一频率的 Q_p 值已知,则可推导其他频率的 Q_p 值。10.65 GHz 频率与其他频率的 Q_p 参数间的关系为

$$Q_p(f) = \alpha_p(f) + \beta_p(f) \cdot Q_p(10.65 \text{ GHz}) \tag{5.24}$$

参数 α 与 β 只与极化有关,因此相应频率的 Q_p 均可求得。将计算出的 Q_p 代入式(5.21)即可得到粗糙地表的有效反射率。

利用 AIEM 模型模拟的数据集,在一个宽的地表粗糙度和介电特性参数范围内,可以发现 Q_v 和 Q_h 在给定频率下呈线性相关:

$$Q_v(f) = a(f) + b(f) \cdot Q_h(f) \tag{5.25}$$

回归系数 a、b 可以通过 AIEM 模拟的数据集得到的 Q_v 和 Q_h 值来得到。将式(5.17)整理后代入式(5.21),可得到以下的反演算法:

$$\alpha \cdot e_v + e_h = \beta \cdot t_v + \eta \cdot t_h \tag{5.26}$$

式中,$\alpha = 1/b$,$\beta = (1 - a)/b$ 和 $\eta = 1 + a/b$,均为已知值。当地表物理温度已知时,地表发射率 e_p 就可以由传感器测得的亮温计算得到,而 t_p 仅与地表介电特性和观测角相关。因此,该算法消去了地表粗糙度的影响,而直接通过不同权重的 t_p 的组合关系来估算介电常数。在知道土壤质地信息的情况下,就可以通过该算法得到的介电常数来估算土壤水分。在此基础上,Shi 等(2006)利用实验场的土壤质地数据得到了体积土壤水分和菲涅尔透射率的一个二阶关系:

$$SM = A(f) + B(f) \cdot (\beta \cdot t_v + \eta \cdot t_h) + C(f) \cdot \sqrt{\beta \cdot t_v + \eta \cdot t_h} \tag{5.27}$$

A、B 和 C 为回归系数。这里 $\beta \cdot t_v + \eta \cdot t_h$ 可以用 $\alpha \cdot e_v + e_h$ 替换。那么根据传感器特性回归出系数后,此二阶回归模型便可得到裸露地表的土壤水分反演模型。

　　该算法可直接反演植被稀疏或可能是裸土区域的土壤水分,或成功分离出地表发射率的植被覆盖区域。上述算法需要温度作为输入,这里采用 De Jeu(2003)提出来的利用 37 GHz V 极化的亮温反演温度的办法。

　　(3)双通道反演消除植被和粗糙度影响

　　植被校正的目的是在总的观测亮温中去除植被的影响,还原无植被情况下土壤的发射率,为反演土壤水分创造条件。MWRI 土壤水分产品反演算法采用双通道反演方法,同时消除植被和粗糙度影响。

　　严格地说,代表植被散射作用的单次散射反照率、与衰减及辐射作用直接相关的光学厚度,都和植被结构相关,在不同极化下取值有所不同。但在较粗像元观测的情况下,这种极化依赖性可做简化近似。研究表明,对于大部分作物以及自然生长的植被,植被元素是随机朝向分布的假设是合理的。因而在风云三号微波成像仪 X 波段的 51 km×85 km 像元观测内可假定植被辐射和散射在不同极化下的差异可以忽略。有

$$T_{bp} = T \cdot (1 - r_{sp})\exp(-\tau_c) + T \cdot (1 - \omega)[1 - \exp(-\tau_c)][1 + r_{sp}\exp(-\tau_c)]$$

$$\text{(5.28)}$$

式中,植被光学厚度和植被含水量(VWC)直接相关,而植被含水量和光学植被指数具有良好的关系。MWRI 土壤水分反演算法选用应用较为成熟的 NDVI 来估算植被含水量,进而估算植被光学厚度,有

$$\tau_c = b \cdot \text{VWC}/\cos\theta$$
$$\text{VWC} = 5.0 \cdot \text{NDVI}^2 (\text{NDVI} > 0.5)$$
$$\text{VWC} = 2.5 \cdot \text{NDVI}(\text{NDVI} \leqslant 0.5)$$

$$\text{(5.29)}$$

式中,VWC 为植被含水量;θ 为观测角度;b 参数与观测频率、植被类型相关。b 参数一般为经验值,根据植被覆盖类型确定 b 参数的取值范围为 0.28～0.33。其中森林取值为 0.33,草地、灌木为 0.30,作物为 0.28。VWC 与 NDVI 的关系一般由对地面实验获取的实测数据进行回归分析获取。单散射反照率 ω 的取值和植被类型也有一定关系,但 X 波段下的相关研究和实验十分有限,一般认为 ω 是一个可忽略的小值。由此计算出植被透过率之后可将地表发射率分离出来,利用风云三号微波成像仪 X 波段的 V 和 H 极化双通道,可获得地表双通道发射率,消除粗糙度影响,反演得到土壤水分。图 5.2 为算法流程图。

5.3.2.4　产品示例

　　图 5.3 是 2016 年 6 月 5 日 FY-3C/MWRI 土壤水分全球升轨和降轨日产品,可以看出,本土壤水分低值主要分布在撒哈拉沙漠、阿拉伯半岛和我国西北的干旱、半干旱区域以及澳大利亚中部,而土壤水分的高值主要分布在南美和非洲的雨林地区,以及美国东部的森林地带。总的土壤水分区域分布特性合理。

5.3.2.5　产品信息说明

　　MWRI 土壤水分产品以 HDF5 格式存储,主要参数的物理特性如表 5.2 所示,参数的物理数值通过如下公式转换而来:

$$\text{Par} = \text{Slope} \times \text{Data} + \text{Intercept}$$

$$\text{(5.30)}$$

式中,Par 为参数的物理数值;Slope 为缩放比例;Data 为产品 HDF 文件中记录该参数的数据;Intercept 为偏移量。

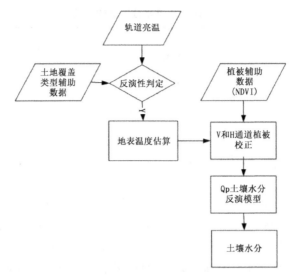

图 5.2　风云三号微波成像仪土壤水分产品算法流程图

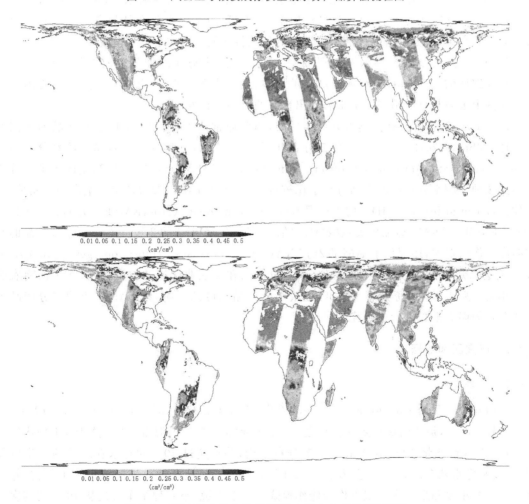

图 5.3　2016 年 6 月 5 日 MWRI 土壤水分产品（附彩图）

表 5.2　MWRI 土壤水分产品的主要参数

SDS 英文名称	SDS 中文名称	单位	数据有效范围	数据填充值	缩放比例	偏移量
VSM_A	升轨土壤水分	cm³/cm³	0～1000	−999	0.001	无
VSM_D	降轨土壤水分	cm³/cm³	0～1000	−999	0.001	无

5.4　风云三号微波成像仪土壤水分产品质量评估

FY-3 反演算法与其他算法之间的显著差异在于,其利用新的表面发射模型(Q_p 模型)(Shi et al.,2005a;Shi et al.,2006)来校正表面粗糙度的影响,并且使用 X 波段(10.65 GHz)的垂直和水平极化亮度温度反演土壤水分而不是单个通道。在 X 波段工作时,FY-3 卫星通常能够感知和记录低植被区域土壤层表面~1 cm 的土壤水分含量(Jackson et al.,2010;Wu et al.,2016b)。目前评估 FY-3 系列卫星土壤水分产品准确性的研究有限。Parinussa 等(2014)首先将 FY-3B 官方算法和土地参数反演模型(LPRM)的土壤水分产品与自动站观测结果进行比对。研究结果表明,这两种产品可以很好地捕捉夜间土壤水分的时间变化,在稀疏到中等植被区域,与自动站测量结果一致性最佳,但随着植被密度的增加,一致性减弱。Cui 等(2018)详细评估了 FY-3B 土壤水分产品的质量,研究发现 FY-3B 土壤水分产品在美国和西班牙这两个区域与自动站测量结果表现出良好的时间一致性。

由于 FY-3D 目前没有土壤水分产品反演,因此通常认为 FY-3C 土壤水分产品的观测精度最佳。Zhu 等(2019)利用 2016 年 1 月 1 日至 12 月 31 日一年内中国自动土壤水分观测站(chinese automatic soil moisture observation stations,CASMOS)113 个监测站的土壤水分数据与这 3 种土壤水分日尺度产品进行了比较;使用以下 4 个统计参数评价土壤水分产品精度:平均差(mean difference,MD),均方根误差(root-mean-square error,RMSE),无偏 RMSE(unbiased RMSE,ubRMSE)和相关系数(R)评估了 FY-3C MWRI 的 2 级(L2)土壤水分产品的反演精度。作为对比,还评估了 AMSR2(JAXA(Japan aerospace exploration agency)算法)3 级(L3)土壤水分产品和 SMAP L3 被动土壤水分产品在该农业区域的精度,并分析了河南农业区冬小麦—夏玉米轮作系统对 FY-3C 土壤水分产品精度的影响,对 FY-3C 土壤水分产品中可能存在的误差来源进行了研究和讨论。

5.4.1　研究区和数据

5.4.1.1　研究区

河南省位于我国中部,地处 31°23′～36°22′N 和 110°21′～116°39′E,面积 16.7×10⁴ km²,平均海拔 100 m,是我国最重要的粮仓之一。河南省属于典型的温带季风气候区,年平均气温 10～15 ℃;年降水量 400～800 mm,季节分布不均,并且超过 50% 的降水在夏季的玉米生长期;温度和降水从东南向西北逐渐减少。如图 5.4 所示,该地区近一半区域种植了作物,并且普遍采用冬小麦和夏玉米的双季作物轮作模式。一般来说,小麦种植季节是从 10 月初到次年 6 月;而玉米种植季节是从当年 6 月到 9 月下旬。由于春季和冬季降水不足,需要对冬小麦进行补充灌溉以获得最佳产量。这导致河南省遭受严重缺水和与地下水过度开采有关的环境问题。因此,加强农业区土壤水分监测对提高河南省水资源利用效率具有重要意义。

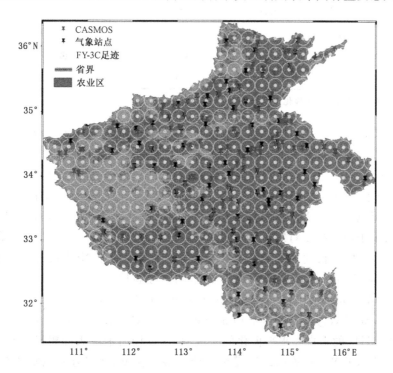

图 5.4　河南省小麦种植区、土壤水分自动监测站、气象站及 FY-3C 足迹分布

5.4.1.2　FY-3C L2 土壤水分产品

FY-3C 上搭载的 MWRI 通过 10.7~89.0 GHz 的 10 个通道观测地球表面。表 5.3 列出了 FY-3C 上 MWRI 的波段信息。FY-3C L2 土壤水分产品用体积水含量(m^3/m^3)描述,其是基于辐射传输模型利用 MWRI 的亮度温度反演得到的(Parinussa et al.,2014)。FY-3C L2 土壤水分产品从 2014 年 5 月至今可用。它们包括 3 种不同时间尺度的产品:日数据,10 d 均值数据和月均值数据;每个产品分别由两组数据构成:一个来自上升轨道(地方时 22:00),另一个来自下行轨道(地方时 10:00)。本书将上升和下降数据的日数据产品合并,如果两个数据重叠,则使用它们的平均值。所有 L2 土壤水分产品生成为空间分辨率 25 km 的 EASE1(equal-area scalable earth-1)网格数据(Armstrong et al.,1995),研究区域产品的足迹如图 5.4 所示。根据产品文件,FY-3C L2 土壤水分产品提供顶部 5 cm 层的土壤水分含量,所需估算精度为 0.06 m^3/m^3(Parinussa et al.,2014)。

表 5.3　微波辐射成像仪通道介绍

频率 (GHz)	极化方式	波段宽度 (MHz)	敏感度 (K)	IFOV (km × km)	像素大小 (km × km)
10.65	V/H	180	0.5	51 × 85	40 × 11.2
18.70	V/H	200	0.5	30 × 50	40 × 11.2

频率 (GHz)	极化方式	波段宽度 (MHz)	敏感度 (K)	IFOV (km × km)	像素大小 (km × km)
23.80	V/H	400	0.8	27 × 45	20 × 11.2
36.50	V/H	900	0.5	18 × 30	20 × 11.2
89.00	V/H	4 600	1.0	9 × 15	10 × 11.2

注:V 表示垂直极化;H 表示水平极化;IFOV(instantaneous field of view)为卫星瞬时视场。

　　FY-3C 土壤水分产品反演算法(表 5.4)基于辐射传输模型,建立了土壤水分、地表温度和植被光学深度与 MWRI 观测的亮度温度观测值(T_b)之间的关系(Sun et al.,2016)。该算法中的参数见表 5.4。首先,该算法假设土壤温度(T_s)和植被冠层温度(T_c)相等,建立与 36.5 GHz 处的垂直极化 T_b 之间的线性关系估计表面温度。然后,该算法使用参数化裸土表面发射模型(Q_p 模型)建立发射率与表面粗糙度之间的关系,该模型通过不同极化方式下的粗糙度变量 Q_p 表征土壤粗糙度对发射信号的影响(Shi et al.,2005b)。Q_p 可以简单地描述为表面高度均方根(s)与相关长度之比的函数。接下来,该算法使用 NDVI、植被含水量(vegetation water content,VWC)和植被光学深度(τ)之间的经验模型来估计 τ。NDVI 由美国国家海洋和大气管理局(National Oceanic and Atmospheric Administration,NOAA)高级超高分辨率辐射计(advanced very high-resolution radiometer,AVHRR)计算的 10 d 合成产品。该算法使用 10.65 GHz 的垂直和水平极化的亮度温度,以同时消除表面粗糙度和植被的影响。最后,在算法中使用了 Wang 等(1980)提出的介电混合模型,将混合介电常数转换为土壤水分。在反演过程中,使用的辅助数据包括全球陆地表面分类数据和土壤质地数据等。

表 5.4　FY-3C 土壤水分反演算法汇总

参数	FY-3C MWRI 土壤水分反演算法
土壤和植被冠层物理温度	$T_s = T_c$,与 T_b (36.5 GHz)线性关系
表面粗糙度	$\lg[Q_p(f)] = a_p(f) + b_p(f) \cdot \lg(s/l) + c_p(f) \cdot (s/l)$
植被	$\tau = b \cdot W_c/\cos\theta$ $W_c = 5.0 \cdot \text{NDVI}^2 (\text{NDVI} > 0.5)$ $W_c = 2.5 \cdot \text{NDVI}(\text{NDVI} \leqslant 0.5)$ $b = 0.28 \sim 0.33$,与土壤类型有关 $\omega = 0$
介电混合模型	Wang 等(1980)

注:T_s 为土壤表面温度,T_c 为植被冠层表面温度;Q_p 为粗糙度参数,$a_p(f)$、$b_p(f)$ 和 $c_p(f)$ 取决于给定 MWRI 入射角的频率 f 和极化方式 p;s 为均方根高度,l 为相关长度;τ 为植被光学深度,W_c 为植被含水量,b 为植被参数,ω 为单次散射反照率。

5.4.1.3　AMSR2 和 SMAP 土壤水分产品

　　JAXA 2012 年 5 月发射了 GCOM-W1 卫星(global change observation mission 1-water),AMSR2 是该星的有效载荷之一(Imaoka et al.,2010)。AMSR2 日尺度土壤水分产品分为上升轨道(地方时 13:30)和下降轨道(地方时 01:30),空间分辨率为 0.1°(10 km)和 0.25°(25 km)。任何注册用户可由 JAXA 网站(https://gcom-w1.jaxa.jp/)获取这些数据。

AMSR2 土壤水分产品基于辐射传输模型建立,有关详细反演算法参见 Fujii 等(2009)。AMSR2 夜间(下降轨道)过境的土壤水分产品通常比白天(上升轨道)的土壤水分产品更精确(Cho et al.,2015; Wu et al.,2016b; Zhang et al.,2017)。

为匹配 FY-3C 和 AMSR2 土壤水分产品的空间分辨率,本书选择 EASE-Grid 2.0 格式 36 km 空间分辨率的日尺度 SMAP 被动 3 级产品(版本 5)用于对比。SMAP 卫星由美国国家航空航天局(National Aeronautics and Space Administration, NASA)于 2015 年 1 月发射(Entekhabi et al.,2010)。卫星上载有 L 波段雷达和 L 波段辐射计。SMAP 卫星的当地赤道过境时间:上升轨道为 18:00,下降轨道为 06:00。SMAP 可以直接探测土壤顶部 5 cm 的土壤水分,精度为 0.04 m³/m³,每 2~3 d 覆盖全球(Das et al.,2011)。SMAP 提供 4 种不同的遥感土壤水分产品:被动、主动、主动-被动和增强被动土壤水分产品,其中 SMAP 被动土壤水分产品从 2015 年 3 月 31 日至今可用。这些 SMAP 产品可从美国国家冰雪数据中心(national snow and ice data center, NSIDC)免费获得(https://nsidc.org/data/smap/smap-data.html)。V-pol 单通道算法(V-pol single channel algorithm, SCA-V)是当前 SMAP 被动土壤水分产品的反演的基线算法(Colliander et al.,2017; Cui et al.,2018)。SCA-V 算法的更多细节请参考 O'Neill 等(2015)。

5.4.1.4　自动观测站土壤水分测量

为提高中国农业区的干旱监测和早期灾害预警能力,自 2009 年中国气象局(CMA)建立了一个全国土壤水分自动观测网络 CASMOS(Wu et al.,2016a)。经过几年的建设,在全国农业区建立了 2000 多个观测站。土壤水分产品包含 8 个观测深度:0~10、10~20、20~30、30~40、40~50、50~60、70~80 和 90~100 cm。观测量包括土壤容积含水量、相对土壤水分、土壤重量含水量和土壤有效水储存量。DNZ1、DNZ2 和 DNZ3 仪器由上海长望气象科技公司、河南省气象科学研究所、中国国家电力公司第 27 研究所和中国华云气象科技集团公司分别生产(Wu et al.,2014)。这 3 种仪器的工作原理均基于频率反射法。在河南省建立的 DNZ1 使用驻波法,而 DNZ2 和 DNZ3 使用电容法(Xue et al.,2013)。

河南省总共有 158 个监测站,其中选取 113 个监测站的土壤水分测量值,以验证卫星土壤水分产品。如图 5.4 所示,观测站覆盖了该地区的 120 多个县,并为农业区域形成了有效的土壤水分监测网络(Xue et al.,2011)。CMA 气象观测中心负责数据存档和发布,每小时记录一次测量值,然后根据这些数据生成每日平均值。为了与 FY-3C 土壤水分的深度进行比较,本书仅使用了 0~10 cm 层的土壤水分数据。

5.4.1.5　MODIS NDVI 和降水数据

基于中等分辨率成像光谱仪(moderate resolution imaging spectroradiometer, MODIS)观测数据,获取了归一化差异植被指数、叶面积指数、叶绿素含量等与植被冠层结构有关冠层绿度产品,各产品的时间分辨率为 16 d(Huete et al.,2010)。本书使用 MODIS NDVI 产品作为地表植被绿度指数,同时包括 Aqua 卫星的 MYD13Q1 和 Terra 卫星的 MOD13Q1 产品,这两种产品通过大气校正和双向反射校正获得,空间分辨率为 250 m(Huete et al.,2002; Lunetta et al.,2006)。由于这两颗卫星上的 MODIS 传感器是相同的,因此通过组合两种产品可以获得 8 d 间隔的 NDVI 产品。

图 5.5 显示了 113 个 CASMOS 观测站在一年内的平均 NDVI 和 VWC 变化情况。本书

使用了由 Gao 等(2015)提出的 NDVI 和 VWC 的换算关系(式(5.31)和式(5.32))估算了本书研究区域的 VWC。如图 5.5 所示,较高的 NDVI 和 VWC 与较大生物量的作物生长期相对应,对于冬小麦是 4 和 5 月;而对于夏季玉米是 7、8 和 9 月。

$$冬小麦:VWC=0.078 \cdot e^{3.510 \cdot NDVI} \tag{5.31}$$

$$夏玉米:VWC=0.098 \cdot e^{4.225 \cdot NDVI} \tag{5.32}$$

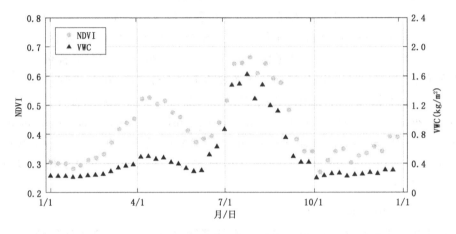

图 5.5　CASMOS 观测站 2016 年的平均 NDVI 和 VWC 变化

降水是决定表层土壤水分的关键因素,降水数据可以辅助验证卫星土壤水分产品精度(Wagner et al.,2003)。本书从中国国家地表气象站标准化降水数据集 3.0 版中提取了降水数据,该数据由中国气象资料服务中心(CMDSC,http://data.cma.cn)存档。如图 5.4 所示,河南省有 119 个国家气象站。在数据集中,降雨数据以 mm/h 为单位,基于原始数据可进一步获得日均降雨量。

5.4.2　研究方法

如上所述,许多研究已经利用自动站土壤水分数据评价了不同的卫星土壤水分产品精度(Al-Yaari et al.,2014;Kang et al.,2016;Petropoulos et al.,2014;Wu et al.,2016b;Zhang et al.,2017)。借助 CASMOS 的自动站数据和其他辅助数据集(包括降雨和 NDVI),本书评价了河南省农业区 FY-3C L2 土壤水分产品的精度,并分析了影响因素。同时,为了与 FY-3C 土壤水分产品的精度进行比较,本书还使用 4 个统计参数评价了 AMSR2 和 SMAP 土壤水分产品的精度以验证。这 4 个统计数据包括平均差(MD)、均方根误差(RMSE)、无偏 RMSE(ubRMSE)和相关系数(R)。

5.4.2.1　技术路线

图 5.6 为 FY-3C 土壤水分评估技术路线。如图所示,使用的数据包括 FY-3C MWRI 的土壤水分产品、AMSR2 和 SMAP 的土壤水分产品、CASMOS 的自动站土壤水分数据、气象站的降雨和 MODIS NDVI。然而,这 6 个数据集的空间和时间尺度以及感知深度都不同。例如,CASMOS 的土壤水分数据和降雨数据是点测量数据,并且在评估期间几乎每天都可获得日均数据。对于 FY-3C、AMSR2 和 SMAP 的卫星土壤水分产品,其空间分辨率分别为 25、25

和 36 km,时间间隔为 2～3 d。然而,MODIS NDVI 的分辨率为 250 m,时间范围为 8 d。因此,这些数据的整合方式对于土壤水分产品评估和后续分析至关重要。

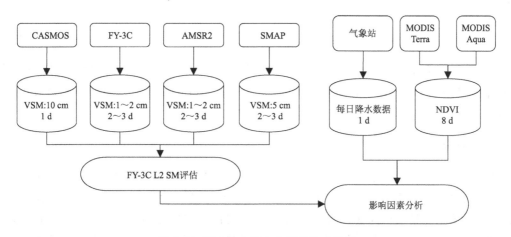

图 5.6　FY-3C 土壤水分评估技术路线

在整合数据时,仅使用覆盖监测站的观测数据进行评估。通常根据 FY-3C L2 土壤水分产品的足迹在空间尺度上提取其他数据(图 5.4)。自动站数据,包括土壤水分和降雨量,该数据位于 FY-3C 土壤水分足迹内的,则被认为是该地区的相应真实数据;如果一个 FY-3C 足印内有多个观测数据,则取平均值。AMSR2 和 SMAP 土壤水分产品通过重采样保持与 FY-3C 空间分辨率一致。当提取 NDVI 数据以匹配 FY-3C 土壤水分产品的分辨率时,足迹内的所有 NDVI 值被平均。另外,一些 CASMOS 观测站位于城市内,这些测站无法正确反映周边农业区的土壤水分信息。因此,排除位于城市的观测站,共 45 个。在时间尺度上,仅当一天内卫星观测数据覆盖研究区内一半以上站点时,记为一个有效观测日。为在时间尺度上与 FY-3C 数据一致,本书仅提取 FY-3C 有效观测日的其他土壤水分产品,并将 NDVI 数据内插至有效观测日。

5.4.2.2　统计参数

MD 为平均差,即卫星反演土壤水分和自动站土壤水分之间的差异,由下式获得:

$$MD = \frac{\sum_{i=1}^{N} (m_{v_i}^{sat} - m_{v_i}^{is})}{N} \tag{5.33}$$

RMSE 为自动站土壤水分和卫星反演土壤水分的绝对差异或精度,其计算如下:

$$RMSE = \sqrt{\frac{\sum_{i=1}^{N} (m_{v_i}^{sat} - m_{v_i}^{is})^2}{N}} \tag{5.34}$$

式中,$m_{v_i}^{sat}$ 为卫星反演的土壤水分(m^3/m^3);$m_{v_i}^{is}$ 为自动站的土壤水分测量值(m^3/m^3);N 为样本总数;i 为某一样本。在时间尺度上,N 为某一站点一年内的有效观测日期数;在空间尺度上,N 代表某一有效观测日期中风云三号覆盖的观测站点数量。

为更好地评估卫星土壤水分产品的反演精度,本书同时采用 ubRMSE,可消除 RMSE 的偏差。ubRMSE 的计算公式如下(Entekhabi et al.,2014):

$$\text{ubRMSE} = \sqrt{\text{RMSE}^2 - \text{MD}^2} \qquad (5.35)$$

相关系数 R 表示卫星土壤水分数据与自动站土壤水分测量值之间的相关程度,计算公式如下:

$$R = \frac{\sum_{i=1}^{N} (m_{v_i}^{sat} - \bar{m}_v^{sat})(m_{v_i}^{is} - \bar{m}_v^{is})}{(N-1)\sigma^{sta}\sigma^{is}} \qquad (5.36)$$

式中,$\bar{m}_v^{sat}$ 为整个评估期的卫星土壤水分平均值(m³/m³),在时间尺度上为一个格网内的数据,在空间尺度上为 1 d 内有效站点的数据;$\bar{m}_v^{is}$ 为自动站土壤水分测量的平均值(m³/m³);σ^{sat} 和 σ^{is} 分别为卫星和自动站土壤水分(m³/m³)的标准偏差。

5.4.3　结果分析

这部分将在时间和空间两个尺度上分析 FY-3C、AMSR2 和 SMAP 土壤水分产品的精度。在比较过程中,CASMOS 的自动站测量的土壤水分被视为真值。研究表明,微波卫星数据反演的土壤水分精度夜间往往高于白天,但二者之间的差异并不明显(Zhang et al.,2017)。因此,本书将忽略不同观测时间对土壤水分反演精度的影响。将重点分析 FY-3C L2、AMSR2 和 SMAP L3 产品与自动站观测值的时间一致性及三者与自动站观测值的空间一致性。

5.4.3.1　时间一致性分析

为研究不同卫星土壤水分产品与自动站观测值之间的时间一致性,本书将分别计算研究区域内 FY-3C 足印的 4 个统计参数。以覆盖 O2342 站点的足迹为例,图 5.7 为整个评估期内 FY-3C、AMSR2 和 SMAP 以及自动站的日均土壤水分。可以看出,3 种卫星土壤水分产品显示出不同的时间变化特征,其中 SMAP 与自动站观测值的时间一致性最好。该足迹的 FY-3C、AMSR2 和 SMAP 的精度评价指标见表 5.5。MD 为卫星反演土壤水分中减去自动站测量值,正值表明卫星反演土壤水分大于自动站测量值(更湿润),而负值表明卫星反演的土壤水分低于自动站测量值(更干燥)。

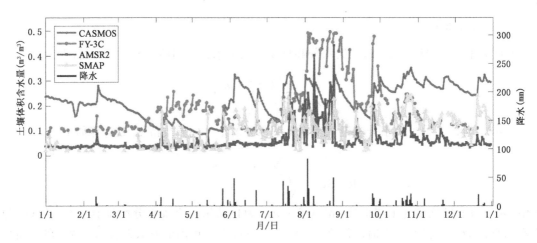

图 5.7　O2342 站点 3 种卫星与自动站土壤水分观测值及日降水随时间的变化

表 5.5 AMSR2、FY-3C 和 SMAP 的精度评价指标

产品类型	MD (m³/m³)	RMSE (m³/m³)	ubRMSE (m³/m³)	R
AMSR2	−0.15	0.17	0.07	0.27
FY-3C	−0.02	0.12	0.11	0.21
SMAP	−0.12	0.13	0.05	0.63

基于上述方法,本书计算了所有有效足迹(共 113 个)的 3 种卫星土壤水分产品相对于自动站观测值的统计参数。图 5.8 和表 5.6 给出了所有有效足印的 4 个统计参数,FY-3C 反演的土壤水分总体上低于自动站测量值,MD 均值为 −0.03 m³/m³;AMSR2 和 SMAP 的偏差更大,MD 均值分别为 −0.15 和 −0.09 m³/m³。测量深度的不一致可能是造成以上差异的原因。FY-3C L2 产品的 RMSE、ubRMSE 和 R 均值分别为 0.11 m³/m³、0.09 m³/m³ 和 0.09,总体精度较差;AMSR2 L3 的统计参数与 FY-3C L2 类似,且总体精度略差于 FY-3C L2;SMAP L3 反演精度最优,RMSE 和 ubRMSE 均值为 0.12 和 0.06 m³/m³,R 均值为 0.49。SMAP 比 FY-3C 和 AMSR2 能够更好地捕获地表土壤水分的时间变化。较 C 和 X 波段,L 波段微波探测深度更深(约 5 cm),受植被影响更小,这与本书的统计结果较为一致。

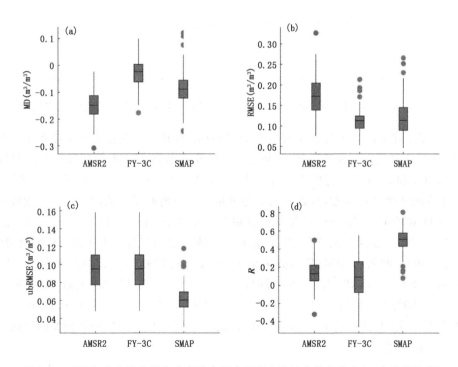

图 5.8 卫星与自动站土壤水分产品在所有足印内统计参数的分布(·表示离异点)
(a. MD; b. RMSE; c. ubRMSE; d. R)

表 5.6　卫星与自动站土壤水分产品在所有足印内的统计参数平均值

产品类型	MD (m³/m³)	RMSE (m³/m³)	ubRMSE (m³/m³)	R
AMSR2	−0.15	0.17	0.09	0.14
FY-3C	−0.03	0.11	0.09	0.09
SMAP	−0.09	0.12	0.06	0.49

5.4.3.2　空间一致性分析

如图 5.5 所示,研究区内 NDVI 和 VWC 的变化主要受冬小麦—夏玉米轮作系统的影响。本节将重点评估 NDVI 和 VWC 变化对 FY-3C、AMSR2 和 SMAP 土壤水分产品精度的影响。图 5.9 为 4 个有效观测日期(2016 年 3 月 15 日、5 月 16 日、8 月 27 日和 10 月 27 日)自动站土壤水分数据与卫星土壤水分产品的关系。可以看出不同观测日期,卫星与地面自动站的差异变化较大。

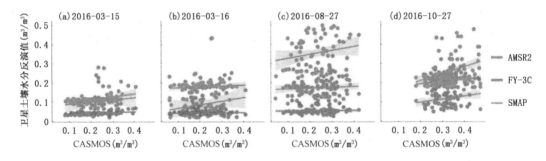

图 5.9　4 个不同日期 FY-3C、AMSR2 和 SMAP 产品与 CASMOS 的关系(附彩图)

同样,基于上述方法本书计算了所有有效日期(如果卫星数据在 1 d 内覆盖了 CASMOS 站的一半,将该日定义为有效日期)内 3 种卫星产品与自动站土壤水分测量结果的统计参数。FY-3C、AMSR2 和 SMAP 的有效天数分别为 233、366 和 295 d。图 5.10 和表 5.7 给出了所有有效日期内的 4 个统计参数,可以看出 3 种卫星产品与地面观测值的空间一致性普遍较差。FY-3C 的 MD、RMSE、ubRMSE 和 R 均值分别为 −0.06 m³/m³、0.12 m³/m³、0.07 m³/m³ 和 0.22。但与其时间一致性相比,FY-3C 土壤水分产品在空间尺度上与 CASMOS 测量结果更为一致(图 5.10)。例如,ubRMSE 均值从 0.09 m³/m³ 下降到 0.07 m³/m³,R 从 0.09 上升到 0.22。空间尺度上,AMSR2 产品的偏差同样大于 FY-3C,但与 FY-3C 类似,AMSR2 的空间一致性也优于其时间一致性的,例如,ubRMSE 均值从 0.09 m³/m³ 下降到 0.07 m³/m³,平均相关系数 R 从 0.14 上升到 0.18。但 SMAP 表现出与 FY-3C 和 AMSR2 相似的空间一致性,远远差于其时间一致性。

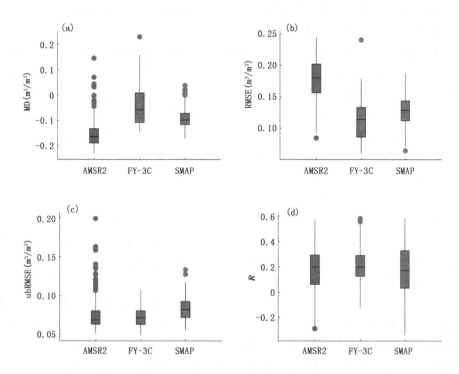

图 5.10　2016 年有效日期内 FY-3C、AMSR2 和 SMAP 土壤水分产品与
自动站测量结果的空间统计参数
（a. MD；b. RMSE；c. ubRMSE；d. R）

表 5.7　FY-3C、AMSR2 和 SMAP 相对于自动站数据空间统计参数平均值

卫星产品	MD（m³/m³）	RMSE（m³/m³）	ubRMSE（m³/m³）	R
AMSR2	−0.16	0.18	0.07	0.18
FY-3C	−0.06	0.12	0.07	0.22
SMAP	−0.10	0.13	0.08	0.16

5.4.4　结论与讨论

　　本书利用中国气象局土壤水分自动监测网（CASMOS）的观测数据，评估了河南省 FY-3C L2 土壤水分产品的反演精度，并将其与 AMSR2 和 SMAP 土壤水分产品评估结果进行了对比分析。结果表明：FY-3C L2 土壤水分产品与 CASMOS 观测值的总体一致性较差。若将 CASMOS 测量值作为土壤水分的真值，FY-3C 土壤水分的 RMSE 为 0.12 m³/m³，远低于 0.06 m³/m³ 的目标精度。此外，对于本研究区，JAXA 算法的 AMSR2 L3 土壤水分产品的精度与 FY-3C 类似。SMAP L3 土壤水分产品在时间统一性上优于 FY-3C 和 AMSR2，但在空间一致性上较差。

　　在 5、8 和 9 月作物生物量大时，FY-3C L2 土壤水分产品会高估土壤水分含量，而在其他时间内又低估土壤水分含量。总之，农业区 FY-3C 土壤水分估算准确性和可靠性取决于下垫面作物类型及其生长阶段。在未来的研究中应该重点改进 FY-3C 土壤水分反演算法中的植被参数表征模型,以进一步提高其估算结果的准确性。

以上重点分析了 FY-3C、AMSR2 和 SMAP 土壤水分产品相对 CASMOS 自动站观测值在时间和空间尺度上的一致性。统计结果表明,FY-3C 土壤水分产品与 CASMOS 总体一致性较差。JAXA 算法的 AMSR2 土壤水分产品在本书研究区域表现出与 FY-3C 产品类似的时间和空间一致性。SMAP 土壤水分产品的时间一致性优于 FY-3C 和 AMSR2 产品,但在捕获土壤水分空间变化方面表现较差。这部分将重点讨论可能影响土壤水分产品精度的因素。

首先,本书将自动站的土壤水分数据用作真实值来评估卫星土壤水分产品。自动站提供土壤水分数据为点数据,而卫星上的微波传感器测量的是一个卫星足迹内的平均土壤水分。由于卫星产品的粗分辨率(FY-3C 和 AMSR2 为 25 km,SMAP 为 36 km)以及表层土壤水分的空间异质性,利用"点尺度"的自动观测数据来验证"面尺度"的卫星产品本身就存在着较大的不确定性,难以基于自动站观测值来准确表征卫星足迹内空间平均土壤水分(Dorigo et al.,2011)。其次,自动站与卫星观测之间的感应深度不匹配也可能给评估结果带来很多不确定性。通常,L 波段的土壤水分有效感应深度为 0~5 cm,而 C/X 波段有效感应深度仅为 0~1 cm(Cui et al.,2018;Yee et al.,2017)。自动站测量值为土壤表层下 10 cm 土壤水分。FY-3C 和 AMSR2 微波辐射计工作在 X 波段,SMAP 工作在 L 波段,三者有效观测深度均明显小于自动站。另外,其他方面的因素如自动站测量误差、植被覆盖度、降水量和研究区气候特征及其时空动态变化也会不同程度地影响评估结果(Zhang et al.,2017)。考虑到上述情况,即使在均一的下垫面条件下,FY-3C、AMSR2 和 SMAP 土壤水分产品也可能无法与 CASMOS 观测值完全匹配(Wu et al.,2016b)。

此外,微波辐射传输模型参数化以及土壤水分反演模型输入参数(如地表温度、植被含水量和土壤粗糙度等)的不准确校正同样会引入较大的反演误差(Mo et al.,1982)。在这些因素中,植被对土壤水分反演结果精度影响最大。在植被覆盖区,植被冠层会降低微波亮度温度对土壤水分的敏感性,且衰减作用随频率的增加而增加。因此,植被参数的准确校正是获取高精度土壤水分反演结果的关键。植被参数通常由植被光学深度表示。在目前的 FY-3C 土壤水分算法中,VWC 用来计算植被光学深度。为了获得全球范围内的 VWC,FY-3C 算法基于 AVHRR 卫星 10 年 NDVI 均值利用经验模型估计 VWC,但其植被参数相关产品目前尚未对公众发布。因此,本书无法进一步分析 FY-3C 算法中植被光学深度的时间变化,及其对土壤水分反演结果的影响。

大量研究表明,C 和 X 波段微波仅适用于植被稀疏地区的地表土壤水分反演,而 L 波段能够穿透相对稠密的植被冠层(高达 3~5 kg/m²)(Wagner et al.,2007)。例如,Calvet 等(2011)研究表明 C 和 X 波段微波在 VWC 位于 0~3 kg/m² 时,土壤水分反演结果并不理想;Sawada 等(2017)通过开展野外测量试验,发现当 VWC 大于 0.3 kg/m² 时,微波信号与表层土壤水分之间几乎没有相关性。

由于 FY-3C 和 AMSR2 土壤水分产品均由 X 波段亮温反演获得,因此二者的反演误差会随植被密度增加而增加,本书的研究结果也证实了这一点(图 5.11,图 5.12 和表 5.8)。图 5.11 和图 5.12 给出了不同 VWC 条件下,3 种卫星土壤水分产品的结果分布,其中 VWC 由 Gao 等(2015)提出的经验关系估计得到。图中使用 0.3 kg/m² 作为阈值将地表划分为不同植被密度覆盖区。如图 5.11 所示,FY-3C 和 AMSR2 在高植被覆盖时(VWC>0.3 kg/m²)土壤水分观测值较高;但 SMAP 反演结果在两种不同的植被条件下无明显差异。

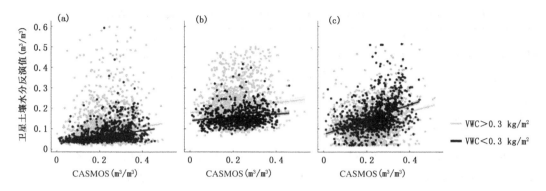

图 5.11　VWC 对 3 种卫星土壤水分产品的影响
(a. AMSR2；b. FY-3C；c. SMAP)

　　研究进一步对比了两种不同植被条件下，土壤水分产品的时间一致性。从图 5.12 中可以看出，在低植被条件下(VWC<0.3 kg/m²)，卫星土壤水分产品与自动站测量值的一致性更好，RMSE 和 ubRMSE 更低，相关性系数 R 更高；且不同 VWC 条件的统计结果差异较大，例如当 VWC<0.3 kg/m² 时，FY-3C 的 ubRMSE 从 0.1 m³/m³ 下降到 0.05 m³/m³，R 从 0.14 上升到 0.29。值得注意的是，在较低的植被条件下，SMAP 土壤水分产品的时间一致性也有所改善，ubRMSE 从 0.06 m³/m³ 下降到 0.05 m³/m³，R 从 0.45 上升到 0.53。以上结果表明，植被覆盖会降低微波卫星土壤水分的反演精度，增加观测波长能够有效提升反演精度(Calvet et al.，2011；Colliander et al.，2017；Sawada et al.，2017；Zhang et al.，2017)。

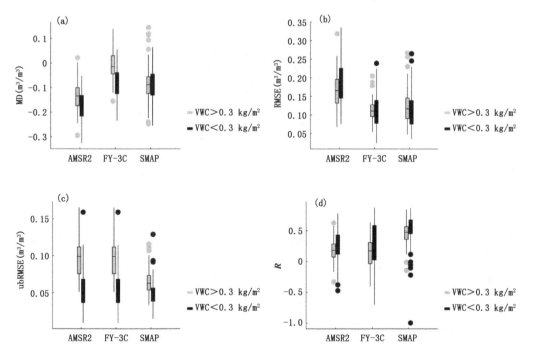

图 5.12　在不同植被含水量条件下，FY-3C、AMSR2 和 SMAP 土壤水分产品的时间一致性
(a. MD；b. RMSE；c. ubRMSE；d. R)

表 5.8　在不同植被含水量条件下，AMSR2、FY-3C 和 SMAP 土壤水分产品的统计参数

卫星产品	VWC<0.3 kg/m²				VWC>0.3 kg/m²			
	MD (m³/m³)	RMSE (m³/m³)	ubRMSE (m³/m³)	R	MD (m³/m³)	RMSE (m³/m³)	ubRMSE (m³/m³)	R
AMSR2	−0.17	0.18	0.05	0.26	−0.14	0.16	0.10	0.18
FY-3C	−0.08	0.11	0.05	0.29	−0.01	0.11	0.10	0.14
SMAP	−0.09	0.11	0.05	0.53	−0.09	0.12	0.06	0.45

　　同时，评估结果还表明 FY-3C 土壤水分受季节因素影响明显，与研究区内冬小麦—夏玉米的轮作系统具有较好的一致性。例如，在 5、8 和 9 月左右，当作物的植被含水量达到最大值时，卫星反演结果明显偏大，RMSE 和 ubRMSE 增加且相关系数降低。图 5.13 为 FY-3C、AMSR2 和 SMAP 土壤水分产品的统计参数随日均 VWC 的变化情况。图 5.13a 表明 FY-3C 土壤水分产品的 MD 与 VWC 呈显著的正相关关系；AMSR2 的 MD 与 VWC 的相关性较小；而 SMAP 的 MD 几乎不受 VWC 的影响。这些结果进一步表明 L 波段微波受植被影响较小，对表层土壤水分更敏感（Calvet et al.，2011；Colliander et al.，2017；Sawada et al.，2017；Zhang et al.，2017）。FY-3C 产品的 RMSE 和 ubRMSE（图 5.13b，图 5.13c）与 VWC 也呈现为有一定的正相关性。尽管 AMSR2 的 RMSE 随着 VWC 增加而降低，但其 ubRMSE 与 VWC 正相关。SMAP 的 RMSE 和 ubRMSE 与 VWC 的相关性最小。FY-3C、AMSR2 和 SMAP 产品的相关系数 R 均随着 VWC 的增加呈现一致下降趋势。以上分析表明，地表植被含水量对卫星土壤水分产品的精度影响很大，特别是对于 X 波段。因此，改进植被参数表征模型，是未来提高 FY-3C 土壤水分产品的关键。

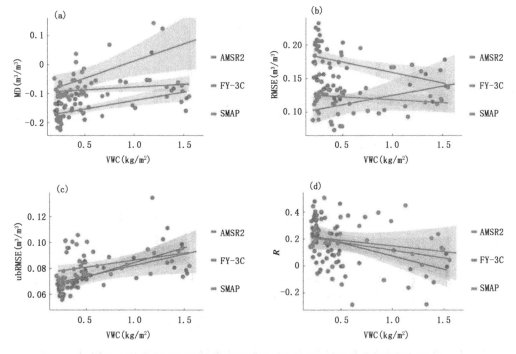

图 5.13　一年中不同时间的空间统计参数与 VWC 的关系（附彩图）
（a. MD 与 VWC；b. RMSE 与 VWC；c. ubRMSE 与 VWC；d. R 与 VWC）

5.5　风云三号微波成像仪土壤水分产品在干旱监测中的应用

风云三号微波成像仪的土壤水分产品在近年来的干旱监测等领域发挥着重要作用,在国内外多次重大干旱事件中及时提供多种形式的数据产品,为决策服务提供了有力支持。下面列举几个比较典型的干旱监测示例。

(1)2014 年夏季河南中部发生严重干旱,旱情从 7 月一直持续到 8 月下旬,进入 9 月后开始了长达半个月的降水天气,旱情得到彻底缓解。风云三号微波成像仪土壤水分监测完整地记录了这一过程。从图 5.14 可以看出,河南中部在 9 月之前一直都是土壤水分低值区,尽管在 8 月上旬有过一场降水,土壤水分含量有所上升,然而干旱并没有缓解,直到进入 9 月,旱区的土壤水分随着降雨持续增长,旱情彻底缓解。

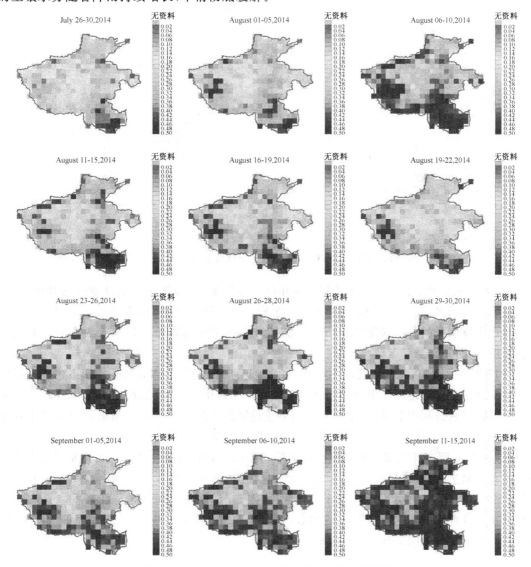

图 5.14　FY-3B/MWRI 土壤水分监测图(附彩图)

(2)2012年夏季美国发生严重干旱,利用风云三号微波成像仪的土壤水分产品2012年和2011年的数据计算了同期的土壤水分差异值,发现2012年的美国中部的土壤水分明显低于2011年,差值图的监测结果与美国干旱网公布的干旱监测图上的旱区分布大多一致(图5.15),反映出风云三号微波成像仪的土壤水分产品良好的全球监测能力。

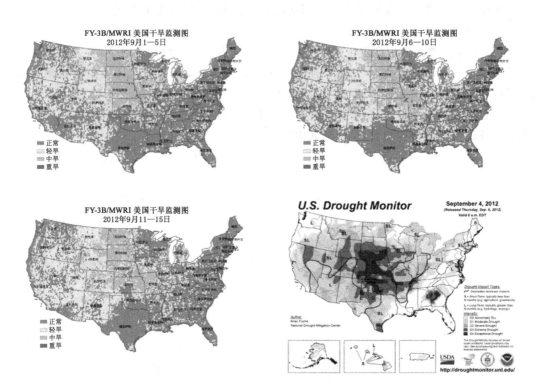

图5.15　FY-3B/MWRI土壤水分干旱监测对比图(附彩图)

(3)风云三号卫星自发射至今积累了多年的观测数据,在多年土壤水分数据的基础上,计算了逐像元的距平、距平百分率,并构建了一个归一化土壤水分指数,来表征每个像元与常年同期相比土壤水分的高低状况(图5.16)。以上产品能够更加清楚地反映土壤水分在时间和空间上的变化,识别干旱区域。

2017年5月中旬,我国内蒙古中东部、东北地区西部、华北大部等地降水偏少、气温偏高,卫星监测结果显示上述地区出现不同程度的旱情。5月中旬,上述地区的土壤水分归一化指数和土壤距平百分率明显偏低,至5月下旬上述地区的土壤水分归一化指数和土壤距平百分率明显上升,这与上述地区在5月下旬出现明显降水有关。

(4)2018年阿富汗大部地区出现持续干旱,利用2012年以来中国FY-3B卫星遥感土壤体积含水量资料进行分析,整体而言,阿富汗2—4月土壤水分较高,7—9月较低(图5.17),其中2018年阿富汗最大土壤水分明显低于其他年份(图5.18)。从空间分布特征来看,1—4月,阿富汗北部地区存在土壤水分高值区,5月起,该高值区的土壤水分开始降低;12月—次年1月,中部和东部土壤水分明显低于其他区域。

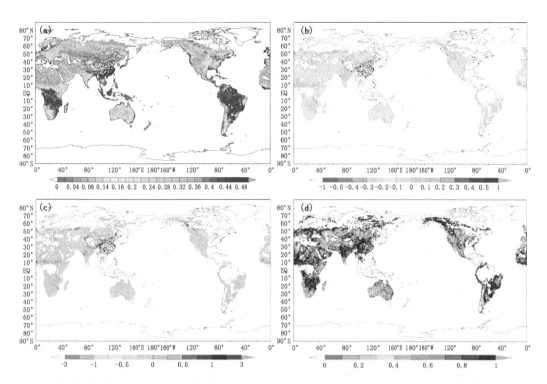

图 5.16　FY-3B/MWRI 土壤水分监测图(a),距平图(b),距平百分率图(c),归一化指数图(d)(附彩图)

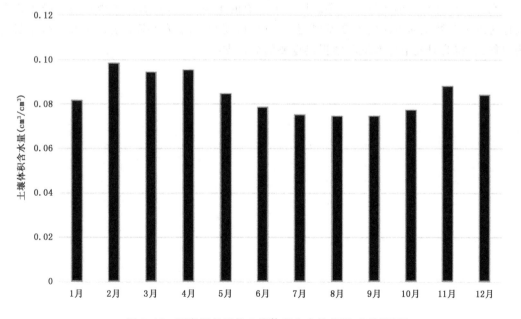

图 5.17　阿富汗月平均土壤体积含水量(FY-3B/MWRI)

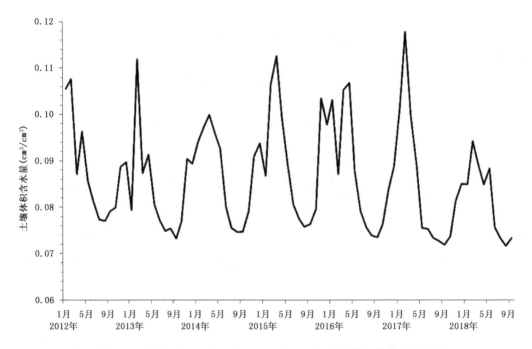

图 5.18　阿富汗 2012 年 1 月—2018 年 9 月逐月平均土壤体积含水量

　　2012—2018 年,阿富汗约 91％的区域 3—8 月土壤体积含水量的平均值在 0.06～0.15 cm³/cm³,表明土壤水分较低,其中,2018 年 3—8 月的平均土壤体积含水量是 2012 年以来同期最低值。

　　被动微波遥感是目前土壤水分遥感探测最主要的手段之一,随着国内外传感器技术以及微波遥感地表参数反演算法的不断发展,获取更高精度和更高分辨率的全球土壤水分信息将成为可能,也将为研究地球系统科学提供重要的数据支撑。

第6章　土壤水分雷达反演方法与应用

微波散射模型描述了微波与不同地表的相互作用过程,是利用 SAR 卫星数据反演土壤水分的理论基础。本章首先根据雷达方程和后向散射系数分析了地表特征参数对雷达散射信息的影响;介绍了裸露地表以及植被覆盖区常用的微波辐射模型,并分析了微波与不同地表作用过程中的影响因素以及相应的校正方法。

6.1　土壤水分雷达反演研究现状

6.1.1　土壤水分雷达反演方法概述

20 世纪 50 年代开始出现的合成孔径雷达(synthetic aperture radar,SAR)是目前常用于测量土壤水分的主动微波传感器。SAR 可以达到 5 cm 左右的地表深度,其全天时、全天候和测量范围广阔的特点使其能够为大面积土壤水分监测提供可用数据。

与被动微波相比,SAR 具有更高的空间分辨率(1 m～1 km),可以获取较大范围更为精细尺度上的土壤水分含量信息,广泛地应用于中小尺度的土壤水分反演。此外,利用多频率、多极化、多角度、可变工作模式的雷达数据在很大程度上可以提高监测土壤水分含量的准确性和可靠性。近年来,随着大量 SAR 传感器卫星的发射和运行,利用 SAR 监测土壤水分的研究受到农业、环境等不同领域学者的广泛关注(Barrett et al.,2009;田国良,1991)。

星载 SAR 不断从低分辨率、单波段、单极化、固定视角、单一工作模式向高分辨率、多波段、多极化、多视角、多工作模式转变。目前常用的 L、C、X 频段多波段结合能体现出不同频率下目标的不同散射特性,为土壤水分反演提供更多的独立信息。同时,卫星系统的时空分辨率、扫描幅宽均有显著提高,能够获取较大范围更为精细尺度上的土壤水分含量信息。此外,单极化转变为多极化的工作模式后,不同极化方式下目标的不同散射特性丰富了回波信息,极大地增强了对土壤信息的获取能力。近几年随编队飞行卫星星座的研究和实用化,星载 SAR 逐渐向 SAR 卫星星座转化,具有更高时间分辨率,同时实现对大范围区域的持续覆盖,这将为土壤水分监测研究提供更高质量的雷达数据。

6.1.2　国内外研究现状

土壤的介电常数会随着其含水量的增加而增加,这是 SAR 数据反演土壤水分的理论基础。土壤介电常数的变化会导致相应的雷达回波产生显著差异,据此来建立雷达后向散射信息与土壤水分之间的关系。基于土壤介电常数与土壤水分、土壤质地等因素之间的关系,构建了土壤介电常数与土壤水分之间的定量转换关系,从而为雷达后向散射信息与土壤水分之间的量化模型提供了基础。利用 SAR 数据反演土壤表面水分的方法主要概括为:基于电磁波散射理论的物理模型、利用实测数据发展的经验模型以及结合理论模型和实测数据的半经验方法。

6.1.2.1　土壤水分理论反演模型

基于随机粗糙表面的电磁散射理论发展了表征裸露地表散射特性的理论模型,建立与特定试验场无关的土壤表面参数与雷达后向散射系数之间的关系。常用的理论模型包括小扰动模型、几何光学模型、物理光学模型、积分方程模型(integral equation model,IEM)。在理论模型中,IEM 模型由于其较广的适用范围和反演精度(Chrisman et al.,2013;Franz et al.,2012;Rivera Villarreyes et al.,2011;Zreda et al.,2008),被广泛应用于模拟裸露地表或植被稀疏区的后向散射系数。例如,基于 IEM 模型,利用多极化多频率 SAR 数据获得了精确的土壤表面水分信息(Bindlish et al.,2001a;Bindlish et al.,2001b);基于 IEM 模型利用宽幅ASAR 数据对青藏高原土壤表面水分进行反演研究(Velde et al.,2012)。

目前,IEM 模型仍存在着一些问题,例如模拟的 SAR 后向散射系数往往与观测数据之间存在着不同程度的差异(Baghdadi et al.,2002;Calvet et al.,2011;Shuttleworth et al.,2013;Tarara et al.,1997)。而模拟误差会导致土壤水分反演结果出现较大的不确定性。大量野外试验实测数据表明,相关长度的测量误差是导致这种差异的主要原因(Baghdadi et al.,2006;Calvet et al.,2011;Lin et al.,2008;Schwartz et al.,2008)。为提高 IEM 模拟SAR 后向散射系数的准确性,提出了 IEM 的半经验校准模型(Baghdadi et al.,2006;Calvet et al.,2011;Lin et al.,2008;Schwartz et al.,2008)。校准模型使用有效相关长度(L_{opt})代替试验测量的相关长度 l,L_{opt} 取决于地表均方根高度(h)和 SAR 参数(入射角 θ 和极化方式)。基于 IEM 模型提出了表面粗糙度复合参数 Z_s 和 Z_g,发展了雷达后向散射系数与土壤水分和组合粗糙度参数之间的反演模型(Rahman et al.,2008;Terhoeven-Urselmans et al.,2008)。理论模型表达复杂,通常难以实现解析法求解土壤表面参数,因此基于理论模型的查表法在土壤表面水分反演中具有较强的实用性。基于理论模型模拟数据集,结合代价函数最小化准则利用多极化、多角度 SAR 数据进行土壤水分反演分析,在无需表面粗糙度等先验信息的条件下,较为准确地估算土壤表面水分信息。

6.1.2.2　土壤水分半经验模型

半经验模型一般仅使用均方根高度表征土壤的粗糙度,半经验模型的模拟精度与卫星的雷达参数以及试验区的地面条件都有着紧密的关系。理论模型较为复杂,往往难以直接运用于地表参数的反演中,为此许多基于理论模型和观测数据的半经验模型有了发展。半经验模型可以直接用于地表参数的反演,而且在不同的地区具有一定的适用性(Kornelsen et al.,2013)。典型的半经验模型包括:Oh 模型(Hillel,2013;Oh et al.,1992;Oh et al.,2002;Rivera Villarreyes et al.,2011)、Dubois 模型(Dubois et al.,1995;Shi et al.,2006)和 Shi 模型(Shi et al.,1997),以及基于这些模型发展起来的校准模型(Shi et al.,2006)。其中,Oh 模型和 Dubois 模型是较受欢迎的两类模型。Oh 模型使用后向散射系数比值 σ_{HH}/σ_{VV} 和 σ_{HV}/σ_{VV} 来估算土壤水分(m_v)以及粗糙度均方根高度(s);而 Dubois 模型则直接将后向散射系数 σ_{HH} 和 σ_{VV} 看作土壤介电常数以及表面粗糙度的函数。目前,针对这两个模型已经开展了大量研究工作以评估其反演精度和适用性,但不同学者给出的结论并不一致。其中一些研究表明后向散射系数观测值与模型模拟结果之间一致性较好(Amoozegar et al.,1989;Lin et al.,

2008)，而其他一些研究则发现它们之间存在较大差异(Cao et al.，2016；Dutta et al.，2013)。模型拟合结果的精度具体与雷达参数(观测波段、观测角度和极化方式)以及地表参数(土壤类型、地表粗糙度和土壤水分)都具有一定的关系。例如，Dubois 模型往往会低估光滑表面的后向散射系数，而高估粗糙表面的后向散射系数，仅当粗糙度适中时才会取得较好的模拟效果(Kornelsen et al.，2013)；Oh 模型在土壤水分低于 15％时会过高估计同极化后向散射系数，而在土壤较为平滑时($s<1$ cm)会过低估计交叉极化后向散射系数(Amoozegar et al.，1989)。目前，半经验模型在应用于不同区域的地表参数的反演时，仍需要根据研究区观测数据对模型进行提前校准。

6.1.2.3　土壤水分反演经验模型

经验模型一般基于雷达后向散射信息与土壤水分之间的定量关系而建立，由于其易用性在土壤水分反演研究中具有广泛的应用。该方法需要有效的现场实测数据作为先验信息，模型的构建依赖于特定的研究区，缺乏相应的理论基础，因此模型的推广性和适用性有限；但是该方法操作简单，涉及的参数较少，针对特定的研究区域可以获得较好的反演效果，具有一定的实用性。典型的经验模型涉及线性回归(Rao et al.，1993)、贝叶斯统计方法(Notarnicola et al.，2008)、神经网络(Kseneman et al.，2012)和支持向量回归模型(Ali et al.，2015)。

另外，基于时序 SAR 数据发展了土壤水分变化检测方法，这类方法一般假定土壤表面粗糙度在特定时间段没有发生变化，雷达后向散射信息的变化主要取决于土壤水分的变化(Balenzano et al.，2011b)。因此，基于时序 SAR 数据能够去除表面粗糙度的影响，构建土壤水分与雷达后向散射系数之间的关系。

6.1.2.4　植被覆盖区土壤水分反演

植被对雷达后向散射信息具有直接的影响，包括植被对地表散射信息的衰减效应以及植被散射贡献。针对植被覆盖对 SAR 数据反演土壤水分的影响，发展了水云模型(Attema et al.，1978)、密歇根微波植被散射模型(McDonald et al.，1990)和比值植被模型(Joseph et al.，2011)用于去除植被的影响，获取表征土壤表面散射特性的雷达后向散射信息，进而用于估算土壤表面含水量。

基于地表测量和卫星遥感获取的植被参数数据，结合不同植被散射模型，可以建立适用于植被覆盖区域土壤水分反演方法。例如，结合 AIRSAR 数据和 TM 数据反演植被覆盖区域土壤表面含水量，基于雷达影像和光学影像提取了不同的特征信息，利用多参数组合反演获得了精确的土壤表面水分信息(Hosseini et al.，2014)；结合雷达数据和光学数据反演高山草地的土壤水分，基于改进的水云模型有效地去除了植被覆盖的影响，利用同极化雷达后向散射系数获得了可靠的土壤水分反演结果(He et al.，2014)；基于比值植被模型和 NDVI 数据，利用 Dubois 模型实现了植被覆盖区域土壤水分的精确估算(Prakash et al.，2012)；利用水云模型校正植被对雷达后向散射信息的影响，结合最大后验概率准则进行土壤水分反演分析，得到了与实测土壤水分较为一致的结果(Pierdicca et al.，2013)。受限于雷达信号对植被的穿透性，目前基于卫星 SAR 数据的土壤水分一般仅在植被含水量较小时会取得较好的反演精度。另外，全极化 SAR 数据可以不借助光学遥感等辅助数据而估算植被覆盖区的土壤水分，在土壤水分反演中具有较强的实用性。近些年已有学者对极化散射信息在土壤水分反演中的应用进行了研究(Hajnsek et al.，2003)，但目前全极化的 SAR 数据的可获得性较差。

6.2　雷达遥感原理

6.2.1　雷达方程

　　雷达天线向地表发射电磁波信号,地物对接收信号的振幅、频率、相位等信息产生调制作用,将微波信号向各个方向散射。对于单基雷达系统(接收和发射在相同位置),接收到的微波信号为地物散射的部分能量,即后向散射分量。雷达系统,探测目标以及接收信号之间的关系通过雷达方程描述。雷达波束表现为以雷达天线为中心的球面波。当雷达天线的平均发射功率为 P_t,天线波束方向的增益为 G_t,则距离为 R 的目标地物单位面积接收的能量为

$$I(R) = \frac{P_t G_t}{4\pi R^2} \tag{6.1}$$

式中,距离 R 可以通过雷达发射脉冲与接收脉冲之间的时间延迟 τ 计算, $R = c\tau/2$, c 为光速。后向散射能量利用目标截面积 σ 描述。假设雷达回波信号是以目标地物为中心的球面波,则雷达天线单位面积接收的回波功率为

$$I(R) = \frac{\sigma P_t G_t}{(4\pi R^2)^2} \tag{6.2}$$

假设接收天线的有效面积为 A_r,则雷达天线接收的回波总功率 P_r 可以表示为

$$P_r = \frac{\sigma P_t G_t A_r}{(4\pi R^2)^2} \tag{6.3}$$

　　对于发射与接收为同一天线的雷达系统,其天线增益相同,利用雷达波长 λ 和接收天线有效面积 A_r 表示为

$$G = G_r = G_t = \frac{4\pi A_r}{\lambda^2} \tag{6.4}$$

则雷达方程可以表示为

$$P_r = \frac{\sigma P_t \lambda^2 G^2}{(4\pi)^3 R^4} \tag{6.5}$$

　　该方程描述了雷达系统发射电磁波束经由目标地物反向散射后,雷达天线接收到的回波功率。由于该方程表征点目标的回波功率,实际地物多为分布式目标,通常用目标地物单位面积的散射截面 σ^o 来表征地物散射特性。假设目标地物的有效面积为 A,则目标地物的有效散射截面 σ 为: $\sigma = \sigma^o A$,即分布式目标的雷达方程表达为

$$P_r = \frac{\sigma P_t \lambda^2 \sigma^o A}{(4\pi)^3 R^4} \tag{6.6}$$

　　雷达方程中,目标接收电磁波面积 A 和目标单位面积的散射截面 σ^o 为影响雷达接收功率的地表参数。因此,利用雷达进行地表观测,需要重点分析地表参数对雷达回波信号的影响。

6.2.2　雷达后向系数

　　当目标位于雷达波束中心,电磁波入射强度为 $I(R)$,目标的散射特性利用雷达散射截面积 σ 表示,则雷达天线接收到的目标散射强度可以表示为

$$P_r = \frac{\sigma I(R)}{4\pi R^2} \tag{6.7}$$

σ 取决于多个目标参数,当目标较小或微波信号被吸收或散射至其他方向时,目标地物向雷达天线散射的能量很小,则目标截面积将会接近于 0。当目标对微波信号产生电磁谐振效应时,其截面积远大于目标的正向面积。σ 值与雷达波长表现出显著的相关性。对于简单的目标结构,如金属球体或平面板,可以直接分析计算其 σ 值,对于非球体目标,目标地物相对于雷达波束的视角会对 σ 产生直接的影响。

利用雷达观测地表时,目标地物通常并不满足点目标的条件。该情况下,给定目标地物每个单元 dA 对应的 σ 值,则目标地物的单位雷达截面积 σ^o 表示为: $\sigma^o = \sigma/dA$。将目标地物的单位雷达截面积 σ^o 视作随机变量分析 SAR 成像特征。地物表面的最小面积 dA 近似为 SAR 影像的分辨单元,通常包括多个物理散射中心。在非理想情况下,在较大的标称均匀区域的地形单元 dA 中,基本散射体均包括不同的组态。即使地形单元仅包含一个主要散射中心,但是几何方向关系导致 σ^o 表现明显的随机变化。两个大致相同的地形单元,对于不同的雷达波长也表现不同的物理意义。因此,将不同地形单元对应的后向散射模拟为独立的随机变量。基于该处理,利用雷达系统观测地物目标时,雷达天线接收的平均功率表达为雷达观测区域内逐个地形单元散射功率叠加的结果。

在方向 (θ, ψ) 上,雷达天线接收的单个地形单元后向散射功率强度表示为

$$dI_r = \frac{\sigma_o(\theta, \psi) I(R, \theta, \psi)}{4\pi R^2} dA \qquad (6.8)$$

式中,θ 和 ψ 分别为雷达入射角和天线方位角。

根据散射功率非相干叠加原则,雷达天线接收的目标地物总平均散射强度可以表示为

$$I_r = \int \frac{\sigma_o(\theta, \psi) I(R, \theta, \psi)}{4\pi R^2} dA \qquad (6.9)$$

式中,$\sigma_o(\theta, \psi)$ 为每个特定单元 dA 中 σ^o 的平均值,利用后向散射系数 σ^o 表示为

$$\sigma_o(\theta, \psi) = E(\sigma_o(\theta, \psi)) \qquad (6.10)$$

该表达关系即为雷达后向散射系数在 SAR 图像中的映像 $\sigma_o(\theta, \psi)$。

雷达系统参数(波长、入射角和极化方式)、地表参数(介电常数、表面粗糙度)和植被覆盖为影响雷达后向散射系数的主要因素。为了有效描述电磁波与目标地物之间的相互作用过程并确定目标地物的散射特性,发展了不同的基于电磁波散射理论的地表散射模型。

6.3　微波散射模型

由于水的介电常数远高于干土,因此土壤的介电常数与其中的水分含量密切相关,而土壤的介电常数又与微波后向散射系数大小密切相关(Dobson et al.,1985),这是 SAR 反演土壤水分的物理基础。但微波后向散射系数与土壤水分二者之间的关系十分复杂,为了利用后向散射系数获取土壤水分,国内外学者近几十年来进行大量试验与理论研究,分别针对裸露地表和植被覆盖区建立了一系列理论和经验、半经验模型。

6.3.1　裸土区微波散射模型

裸露地表或者植被稀疏区的微波散射模型包括理论模型、经验模型与半经验模型。理论模型基于地表电磁波理论发展而来,传统的散射理论模型包括基尔霍夫模型(KA)、几何光学

模型（GOM）、物理光学模型（POM）、小扰动模型（SPM）及改进 SPM 模型等。早期模型适用的土壤粗糙度范围较小，而自然情况下，地表的粗糙度呈连续变化，以上模型难以直接应用于土壤水分的反演（Ulaby et al.，1978）。近年来发展的理论模型，如相位扰动理论（PPT）（Shen et al.，1980）、全波方法（FWM）（Bahar，1981）、小斜坡近似（SSA）（Voronovich，1985）、算子展开方法（OEM）（Milder，1991）、积分方程模型（AIEM）（Chen et al.，2003）及其改进模型等，可适用于较广的粗糙度条件。特别是 AIEM 及其改进模型，提高了后向散射系数的模拟准确度，同时改善了模型的有效性，逐渐成为主流裸土散射模型。

在 AIEM 中，后向散射系数是介电常数、传感器参数、雷达频率（f）、极化、入射角（θ）、均方根高度（s）、相关长度（l）和自相关函数（ρ）的函数：

$$\sigma_{pq}^o = \frac{k^2}{2} e^{-2k_z^2 s^2} \sum \sum_{i=1}^{\infty} s^{2i} \mid I_{pq}^i \mid^2 \frac{W^{(i)}(-2k_x,0)}{i!} \tag{6.11}$$

式中，pq 代表同极化（HH 或 VV）或者交叉极化（HV 或 VH）；$k = 2\pi f$ 是雷达波数；$W^{(i)}(u,v)$ 是自相关函数 ρ 的幂次傅里叶变换（它是相关长度 l 的函数），由下式给出：

$$W^{(i)}(u,v) = \frac{1}{2\pi} \iint \rho^i(l,m) e^{(-jul-jvm)} dl dm \tag{6.12}$$

$$I_{pq}^i = (2k_z)^i w_{pq} e^{-k_z^2 s^2} + \frac{k_z^i}{2} [F_{pq}(-k_x,0) + F_{pq}(k_x,0)] \tag{6.13}$$

$$w_{HH} = -2R^H/\cos\theta$$
$$w_{VV} = 2R^V/\cos\theta \tag{6.14}$$

$$F_{HH}(-k_x,0) + F_{HH}(k_x,0) =$$
$$-\frac{2\sin^2\theta(1+R^H)^2}{\cos\theta} \left[\left(1 - \frac{1}{\mu_r}\right) + \frac{\mu_r \kappa' - \sin^2\theta - \mu_r \cos^2\theta}{\mu_r^2 \cos^2\theta} \right]$$

$$F_{VV}(-k_x,0) + F_{VV}(k_x,0) =$$
$$-\frac{2\sin^2\theta(1+R^V)^2}{\cos\theta} \left[\left(1 - \frac{1}{\kappa'}\right) + \frac{\mu_r \kappa' - \sin^2\theta - \kappa' \cos^2\theta}{\kappa'^2 \cos^2\theta} \right] \tag{6.15}$$

$$R_s^H = \left| \frac{\cos\theta - (\kappa' - \sin^2\theta)^{0.5}}{\cos\theta + (\kappa' - \sin^2\theta)^{0.5}} \right|^2 ; R_s^V = \left| \frac{\kappa'\cos\theta - (\kappa' - \sin^2\theta)^{0.5}}{\kappa'\cos\theta + (\kappa' - \sin^2\theta)^{0.5}} \right|^2 \tag{6.16}$$

式中，κ' 为土壤的介电常数实部；μ_r 为相对介电常数；R^H 和 R^V 分别为水平和垂直极化中光滑土壤的反射率，根据菲涅耳方程（式（6.16））估算。

理论模型具有明确的物理意义，可适用于不同的雷达系统参数，但表达式十分复杂，较难直接用于土壤水分的反演。为解决这一问题，国内外学者借助实测数据以及通过对理论模型的优化和近似，得到具有一定适用性的经验和半经验散射模型（如线性模型（Bruckler et al.，1988）、Oh 经验模型（Oh et al.，1992）和 Dubois 模型（Dubois et al.，1995）、Chen 模型（Chen et al.，1995）和 Shi 模型（Shi et al.，1997）等），在土壤水分反演中具有广泛的应用。其中，常用的有 Oh 和 Dubios 模型。

Oh 模型通过计算同极化和交叉极化散射系数的比率来估算土壤体积含水量（m_v）以及粗糙度参数（s）：

$$p = \frac{\sigma_{HH}^o}{\sigma_{VV}^o} = \left[1 - e^{-ks} \left(\frac{2m_v}{\pi}\right)^{1/3R_0} \right]^2$$

$$q = \frac{\sigma_{HV}^o}{\sigma_{VH}^o} = 0.23 \sqrt{R_0}(1 - e^{-ks}) \tag{6.17}$$

式中，p 是同极化比率；ks 是归一化均方根表面粗糙度（雷达波数乘以均方根高度）；$R_0 = \left| (1 - \sqrt{\kappa'})/(1 + \sqrt{\kappa'}) \right|^2$ 是星下点的菲涅耳表面反射率。Oh 模型是利用不同地表条件下车载散射计观测的雷达后向散射而建立的，其应用条件为 $0.1 < ks < 6.0, 2.6 < kl < 19.7, 0.09 < m_v < 0.31$ 且 $10° < \theta < 70°$，其中 kl 是归一化的相关长度（雷达波数与相关长度的乘积）。

与 Oh 模型类似，Dubois 模型同样是基于卡车安装的散射仪实验而建立的，该模型利用土壤介电常数（κ'）和波长 λ、入射角 θ、波数 k 以及均方根高度 s 等模拟共极化后向散射系数：

$$\sigma^o_{HH} = 10^{-2.75} \cdot \frac{\cos^{1.5}\theta}{\sin^{5.0}\theta} \cdot 10^{0.028\kappa'\tan\theta} \cdot (ks\sin\theta)^{1.4} \cdot \lambda^{0.7}$$

$$\sigma^o_{VV} = 10^{-2.35} \cdot \frac{\cos^{3.0}\theta}{\sin^{3.0}\theta} \cdot 10^{0.046\kappa'\tan\theta} \cdot (ks\sin\theta)^{1.1} \cdot \lambda^{0.7}$$

(6.18)

Dubois 模型适用于 L、C 和 X 波段，$0.3\ \mathrm{cm} < s < 3\ \mathrm{cm}$ 和 $30° < \theta < 65°$。

6.3.2　植被覆盖区地表微波散射模型

在植被覆盖区，后向散射系数不仅有地表裸土的贡献，还有植被冠层自身的散射，并且植株冠层与地表之间还存在一系列复杂的电磁交互，所以植被覆盖地表的微波散射模型更为复杂。典型的植被散射理论模型，如密歇根微波植被散射模型（MIMICS）（Ulaby et al.，1990），综合考虑了土壤粗糙度、植被尺寸以及空间取向等因素的影响，能够较好地校正植被微波散射影响（毛克彪 等，2009），但该模型主要针对森林等高大植被覆盖地表，并不适用农田区域的低矮植被。

此外，植被散射理论模型形式复杂，需要较多的模拟分析及实测参数，难以直接应用于土壤水分反演。水云模型（WCM）（Attema et al.，1978）及其后续改进模型（Bindlish et al.，2001b；Saradjian et al.，2011）是以农作物土壤水分反演为目的而简化的一个半经验模型，该模型形式简单、参数易于获取，因此，广泛应用于农作物覆盖区的土壤水分信息反演。

水云模型在入射角 θ 处测量的同极化后向散射系数 σ^o_{pp}，可表示为来自植被的反向散射贡献、植被与土壤层之间雷达辐射的相互作用，以及来自土壤的贡献的总和。如果忽略植被与土壤层之间的相互作用项，水云模型可用下式表示：

$$\sigma^o_{pp} = \sigma^o_{veg} + \delta^2 \sigma^o_{soil}$$

(6.19)

式中，σ^o_{veg} 和 δ 分别为

$$\sigma^o_{veg} = A \cdot V_1 \cdot \cos\theta \cdot (1 - \delta^2)$$
$$\delta = \exp(-2B V_2 \sec\theta)$$

(6.20)

式中，σ^o_{veg} 和 σ^o_{soil} 分别为地表植被和土壤的散射项；δ^2 为双程植被衰减系数；V_1 和 V_2 为植被参数，它们等同于植被含水量，也可以由植被参数估算得到，如 NDVI、EVI 等；A、B 为方程系数，需要根据不用区域以及植被类型进行调整。

Joseph 等（2008）后来提出了一种"比率"的方法对植被散射作用进行修正。该方法认为裸土贡献与反向散射系数的比率和观察到的反向散射系数是植被冠层（由植被含水量表示）和传感器配置的函数。同时提出了初始模型，模型中 a 和 b 作为校准参数。后续研究表明，虽然模型形式上较为简单但足以量化植被对土壤水分衰减作用。后续的一些研究利用该模型与裸土模型进行耦合以反演土壤水分，并获取的不错的结果（Bai et al.，2017；Hosseini et al.，2017；Liu et al.，2016）。

$$\frac{\sigma^o_{soil}}{\sigma^o_{pp}} = a \cdot \mathrm{VWC}^2 + \mathrm{e}^{-b \cdot \mathrm{VWC}} \tag{6.21}$$

Zribi 等（2003）提出了一种估算植被后向散射系数贡献的方法。该方法假设一个像素中部分被森林覆盖，其中雷达信号不能穿透冠层结构。来自非森林部分的反向散射的贡献 σ^o_{others}，可以通过 $\sigma^o_{others} = (\sigma^o_{pp} - A_{forest} \cdot \sigma^o_{forest})/(1 - A_{forest})$ 进行估算，其中 A_{forest} 为像素中森林占比。并且可以根据与入射角(θ)和时间(t)的函数关系来估计来自森林的散射贡献，其中 A、B、D、E 为模型校准参数。

$$\sigma^o_{forest} = D\theta + E + A\sin\left[\frac{2\pi}{12}t + B\right] \tag{6.22}$$

物理、半经验和经验模型利用单个时间段内获得的后向散射系数信息反演土壤水分。但有学者研究发现利用短时间内不同日期测量的后向散射系数的变化来估算土壤的相对湿度也是可行的。如果假设粗糙度和植被条件是不变的，或者在比土壤湿度长得多的时间尺度上变化，则可以假设两个不同时间段之间的后向散射系数的变化完全是由于土壤湿度的变化（Moran et al.，2004）。基于这一假设，已经提出了几种变化检测方法，它们利用不同的参数来表征土壤水分的插值，例如 delta 指数方法（Thoma et al.，2004）、比率方法（Balenzano et al.，2011a）等。利用给定两次位置的反向散射系数$(t_1$ 和 $t_2)$，Shoshany 等（2000）引入归一化雷达反向散射土壤湿度指数（NBMI），利用以下公式计算相对土壤湿度（值介于 0 和 1 之间）：

$$\mathrm{NBMI} = \frac{\sigma^o_{t_1} - \sigma^o_{t_2}}{\sigma^o_{t_1} + \sigma^o_{t_2}} \tag{6.23}$$

许多学者发展出了另外一种变化检测方法来检测当前的土壤相对湿度，该方法通过对比湿度最大和最小日期的后向散射系数（观测角度需相同），来估算某一天的相对土壤湿度 SM_t（Shoshany et al.，2000；Wagner et al.，1999a；Wagner et al.，1999b）。

$$SM_t = \frac{\sigma^o(t, \theta_{ref}) - \sigma^o_{dry}(t, \theta_{ref})}{\sigma^o_{wet}(t, \theta_{ref}) - \sigma^o_{dry}(t, \theta_{ref})} \times 100 \tag{6.24}$$

式中，$\sigma^o(t, \theta_{ref})$ 是在第 t 天测量的反向散射系数，参考角度 θ_{ref}；并且是在一年的第 t 天分别观察到的反向散射系数的历史最低（代表最干燥条件）和最高（代表最潮湿条件）值，其中参考角 θ_{ref} 是从所研究的位置的长反向散射时间序列获得的。这种归一化参数可以在一定程度上消除粗糙度和植被条件的影响（Wagner et al.，1999b）。获得的相对土壤水分是土壤层的饱和度，以百分比表示。这种方法通常被称为 TU-Wien 变化检测算法，被用于 MetOp-A 和 MetOp-B 卫星上 ASCAT 传感器的土壤水分反演（Bartalis et al.，2007；Naeimi et al.，2009）。该检索算法也可过滤冻土和积雪的影响。关于变化检测算法的技术细节可以进一步参考文献（Barrett et al.，2009）。

第7章　基于哨兵1号SAR数据的小麦区土壤水分反演

星载C波段雷达系统,能够以较好的精度估算裸土和低植被覆盖区的地表土壤水分信息。目前在轨运行的哨兵1号A、B双星对公众免费分发高时空分辨率的C波段SAR数据。哨兵1号数据为地表,特别是农业区的土壤水分监测提供坚实的数据基础。本章主要介绍基于哨兵1号SAR数据的小麦种植区土壤水分反演方法。

7.1　试验区与星地同步试验

开展星地同步试验,获取卫星过境时的准实时地表参数数据是发展SAR卫星土壤水分反演算法的前提。本节内容包括星地同步试验中各地表参数(包括土壤水分、土壤粗糙度以及小麦植被含水量等)的收集方案及其在小麦生长季的时间变化;哨兵1号数据的处理流程及试验田块后向散射系数的提取方案;哨兵2号多时相NDVI的小麦种植区提取方案。

7.1.1　研究区总体试验方案

研究区位于中国气象局河北固城农业试验站周围农业区。研究区为35 km×25 km的矩形区域,其中主要地表类型有农用地、自然植被、城市和建筑区以及水体等。该地区属于典型的温带季风区,研究区内的作物系统以冬小麦和夏玉米为主,夏玉米的生长季为6月中旬到9月下旬,冬小麦的生长季为10月上旬至下年度的6月上旬。表7.1给出了固城站大田冬小麦发育期观测记录,从中可以看出,2017—2018年的冬小麦从2017年10月12日播种至2018年6月13日收获,整个生育季持续近8个月。

表 7.1　固城站大田冬小麦发育期观测记录(返青至收获的日期为 2018 年)(月/日)

播种	出苗	三叶	分蘖	停止生长	返青	起身	拔节	孕穗	抽穗	开花	乳熟	成熟	收获
10/12	10/19	11/13	11/20	12/13	2/26	3/14	4/2	4/16	4/25	5/3	5/20	6/8	6/13

在2017—2018年的冬小麦生长季,先后开展了8次野外星地同步试验,其中前4次在2017年小麦越冬之前开展,后4次在2018年小麦返青之后开展。小麦试验日期与每次试验观测的地表参数见表7.2,表中√表示进行了观测,×表示未观测。需要说明的是,由于不同试验点小麦种植的时间不一致,所以观测时各田块的生育期与表7.1有一定的出入。

表 7.2　试验观测日期与地表参数收集

编号	试验时间(年/月/日)	发育期	土壤水分	土壤粗糙度	小麦生物量
第 1 次	2017/10/10	播种	√	√	×
第 2 次	2017/10/23	出苗	√	×	√
第 3 次	2017/11/4	出苗	√	×	√
第 4 次	2017/11/16	三叶	√	×	√
第 5 次	2018/3/28	起身	√	×	√
第 6 次	2018/4/9	拔节	√	×	√
第 7 次	2018/5/3	开花	√	×	√
第 8 次	2018/5/15	开花	√	×	√

7.1.2　土壤水分测量

试验中采用烘干法和 TDR 两种方式测量采样田块的土壤水分。TDR 为美国 Spectrum 公司的 TDR300,可直接测量土壤体积含水量,测量时采用的探针长度为 5 cm,在试验前根据研究区内的土壤类型进行了校准,校准精度约为 1%。较 TDR,烘干法可以更为准确地测量采样点的土壤水分。烘干法一般使用烘干机对一定体积的土壤进行烘干处理,然后通过计算烘干前后土壤重量的变化计算土样的质量含水量和体积含水量。试验中使用环刀获取一定体积的土样,环刀的体积为 100 cm³。

数据采集之前使用便携式 GPS 进行定位。采样时,在采样点半径 3 m 的范围内布置 5 个测量点,测点呈十字分布,每个测量点测 3 次,每个采样点的土壤水分是 5 个测量点的平均值。同时,在每个采样点使用取土环刀收集土样,之后盛放在铝盒中并称重,待返回试验基础后烘干称重,计算对应的体积含水量。

表 7.3 和表 7.4 分别给出了 8 次试验中利用烘干法和 TDR 测量的 25 个采样点的土壤体积含水量数据。从表中可以看出,烘干法和 TDR 观测的体积含水量总体具有较好的一致性,但也存在着一定的系统性误差。例如,在土壤水分较小时,TDR 较烘干法容易高估土壤水分,而当土壤水分较大时,TDR 一般又会低估土壤的水分含量。由于烘干法获取的土壤水分含量较为准确,这里使用烘干法测量的土壤水分数据用于后续的土壤水分反演模型的建模工作。

表 7.3　土壤水分采样数据(烘干法,体积含水量单位为%)

编号	第 1 次	第 2 次	第 3 次	第 4 次	第 5 次	第 6 次	第 7 次	第 8 次
1	28.5	25.6	17.8	17.5	25.3	13.7	14.8	6.5
2	30.7	28.5	19.7	18.0	13.9	15.6	15.5	35.2
3	27.3	25.3	17.4	16.2	11.6	15.5	13.6	10.1
4	29.6	27.9	31.4	23.5	14.9	10.1	15.2	16.7
5	30.6	27.1	19.2	15.9	13.6	18.9	17.5	27.1
6	30.8	27.9	19.0	17.8	36.6	17.1	14.7	29.8
7	32.3	25.4	18.1	18.9	14.5	16.8	18.6	25.4
8	31.7	26.8	18.4	18.8	14.9	20	19.5	28.2
9	19.9	16.2	14.0	11.9	8.1	14.3	13.4	16.4

续表

编号	第1次	第2次	第3次	第4次	第5次	第6次	第7次	第8次
10	22.2	19.3	14.2	13.5	13.5	15.7	18.4	10.9
11	23.8	21.8	14.3	12.1	11.9	14.1	13.2	10.8
12	26.5	22.5	17.0	15.9	11.9	21.0	15.2	25.4
13	23.7	21.4	14.4	13.5	8.8	14.8	15.2	19.7
14	23.1	20.0	16.0	13.3	10.2	13.5	9.5	15.3
15	26.4	22.9	19.6	15.0	12.6	16.4	12.2	15.2
16	33.9	27.8	24.1	20.1	12.0	18.8	12.6	22.6
17	24.4	25.2	15.4	13.9	9.9	20.2	10.6	11.6
18	26.0	22.5	19.0	16.3	16.4	20.8	16.5	11.6
19	28.4	23.5	20.0	17.6	13.7	20.6	15.2	25.7
20	28.4	25.6	20.0	18.9	13.8	14.9	17.7	28.5
21	21.1	20.3	15.5	12.4	9.2	14.9	8.4	16.2
22	25.4	25.2	21.0	14.7	8.0	22.9	17.8	13.6
23	26.4	26.5	21.6	21.7	16.0	21.2	16.1	16.7
24	25.3	22.3	18.4	17.9	10.7	10.4	9.5	6.6
25	32.9	28.2	20.2	17.5	10.2	23.0	14.9	8.7

表 7.4　土壤水分采样数据(TDR,体积含水量单位为%)

编号	第1次	第2次	第3次	第4次	第5次	第6次	第7次	第8次
1	27.0	25.2	15.7	15.2	21.9	17.6	16.9	8.8
2	30.5	25.3	18.8	15.5	18.7	21.6	19.0	28.3
3	32.7	26.5	18.8	16.4	15.7	18.3	15.6	14.2
4	32.6	27.9	33.5	23.4	16.3	13.5	18.0	16.7
5	30.4	25.4	21.4	16.5	17.4	20.5	18.8	27.2
6	34.6	29.3	17.5	15.1	37.7	20.3	16.5	29.9
7	29.0	30.4	25.3	21.1	14.4	19.2	19.6	26.4
8	27.9	27.9	14.8	15.9	13.9	22.0	18.9	27.0
9	25.6	19.8	16.8	15.2	11.9	22.1	19.4	22.1
10	30.6	23.4	14.1	13.7	15.0	19.7	23.7	15.5
11	28.8	24.9	15.4	13.2	16.1	18.1	16.2	12.7
12	35.6	25.4	17.3	14.5	15.0	24.5	17.2	29.4
13	29.1	23.2	17.3	14.5	13.7	18.8	17.1	23.0
14	26.6	28.8	15.5	12.7	13.7	20.6	12.0	18.5
15	26.8	31.7	23.1	15.1	13.7	20.6	19.3	18.6
16	27.6	28.5	20.4	17.1	17.3	21.5	14.2	22.3
17	21.1	26.0	16.5	15.9	14.6	21.8	13.3	11.2
18	29.8	26.7	21.0	14.9	15.7	23.5	16.0	12.8

编号	第1次	第2次	第3次	第4次	第5次	第6次	第7次	第8次
19	21.1	26.2	18.3	15.8	13.0	24.0	15.6	19.1
20	23.3	27.2	20.3	17.3	15.7	14.1	16.2	26.0
21	20.8	23.4	16.4	15.6	13.2	13.9	11.4	19.1
22	23.6	26.3	21.0	18.1	12.1	17.3	16.6	12.7
23	24.3	24.0	17.5	15.8	19.7	24.0	14.4	13.1
24	29.6	28.6	19.5	14.8	11.4	13.7	13.6	9.2
25	31.4	31.7	19.3	17.5	16.6	23.7	16.3	10.4

7.1.3 土壤粗糙度测量与数字化

微波遥感中,均方根高度(root mean square height,s)和相关长度(correlation length,l)是目前衡量土壤垂直和水平方向粗糙程度的两个常用统计参数(赵天杰,2018)。野外测量是获取这两个参数最直接的方法,常用的粗糙度测量方法包括针式廓线法、板式廓线法以及激光雷达法等(Bahar,1981)。

本次试验在小麦播种初期,即第1次试验中对25个采样田块的土壤粗糙度参数进行了测量,测量方法为板式廓线法。试验中采用的测量板长度为87 cm,测量间隔为1 cm。每个采样田块进行4次土壤粗糙度参数测量,平行和垂直小麦种植方向各测量两次,共获得100个采样数据。测量时使用水平卡尺保持测量板前后和左右水平,在测量板前1.2 m距离,使用带有三脚架的相机进行拍照。在完成所有测量后,在MATLAB中对拍摄结果进行数字化,而后计算得到土壤粗糙度参数均方根高度(s)和相关长度(l)。附录C给出了测量结果的数字化以及土壤粗糙度参数计算的MATLAB程序。

表7.5给出了25个采样点的土壤粗糙度参数s和l。对农业区大量土壤粗糙度测量数据的统计结果表明,其中95%的s和l分别分布在0.25~4和2~20 cm(Shi et al.,2006)。这说明本试验中测量的s和l在合理范围内。另外,为了便于灌溉,研究区中大部分田块都存在田埂,且不同田块田埂的方向和密度差异较大。计算结果表明,田埂的s较大、l较小。田埂可以很大程度上影响田块的粗糙度。因此,在计算田块平均粗糙度时需综合田埂的影响。

表 7.5　各采样点的 s 均值和 l 均值(cm)

编号	s	l	编号	s	l	编号	s	l	编号	s	l	编号	s	l
1	1.1	5.8	6	2.2	6.4	11	1.9	11.4	16	1.9	9.1	21	1.5	7.4
2	1.9	5.6	7	2.9	12.4	12	2.9	9.8	17	1.6	4.6	22	1.1	7.8
3	0.7	5.4	8	1.9	6.5	13	3.1	8.6	18	2.2	9.9	23	2.4	8.8
4	2.4	9.3	9	2.1	7.9	14	2.2	9.0	19	2.6	9.5	24	2.0	8.8
5	1.5	7.1	10	3.3	9.8	15	2.1	7.6	20	1.2	5.4	25	0.8	5.5

7.1.4 小麦参数测量

在土壤水分采样点同步收集小麦参数,包括小麦株高、地表小麦生物量等。利用皮卷尺测量小麦的高度,每采样点测量 3～5 次取平均值;同时,每采样点收集 1 m² 小麦地表生物量。收集的小麦在采样点称重后密封保存,待返回试验基地后进行烘干处理,以计算小麦的植被含水量(小麦湿生物量减去干生物量而获得,单位 g/m²)。

表 7.6 给出了 8 次试验中各采样点的小麦高度;表 7.7 给出了各采样点的小麦植被含水量。在第 1 次试验时大部分小麦未出苗,试验中没有记录小麦高度和小麦生物量。前 5 次试验时小麦处于小麦拔节期之前,此时小麦的高度(<20 cm)和 VWC(<300 g/m²)较小;在第 5 次试验之后小麦进入拔节期,小麦高度和植被含水量迅速增加,并在第 7～8 次试验时达到小麦生长季的高峰。

表 7.6　小麦高度(cm)

编号	第 1 次	第 2 次	第 3 次	第 4 次	第 5 次	第 6 次	第 7 次	第 8 次
1	0.0	10.0	16.0	14.1	15.3	25.0	61.0	73.0
2	0.0	10.0	13.9	13.8	8.0	27.7	67.0	70.0
3	0.0	7.0	13.2	13.9	10.5	24.7	66.0	72.0
4	0.0	8.0	11.6	13.7	11.2	24.7	63.0	74.0
5	0.0	9.8	15.5	17.2	12.1	26.3	65.0	73.0
6	0.0	9.3	12.0	15.9	13.6	27.7	62.5	70.0
7	0.0	10.8	13.2	14.8	10.9	29.0	70.5	73.0
8	0.0	9.0	12.5	11.8	11.7	29.0	69.0	72.0
9	0.0	3.0	10.6	11.4	10.2	24.7	67.0	74.0
10	0.0	9.4	18.5	18.8	7.5	19.3	59.0	68.0
11	0.0	8.5	11.5	12.9	7.6	20.3	67.0	72.0
12	0.0	10.0	17.9	16.6	9.0	23.0	61.0	74.0
13	0.0	10.0	15.1	15.2	9.7	26.7	62.0	75.0
14	0.0	9.2	14.4	12.8	10.0	24.3	57.5	72.0
15	0.0	9.3	16.6	12.4	11.0	22.3	66.0	70.0
16	0.0	8.8	15.4	15.8	10.0	21.0	57.0	67.0
17	1.0	12.8	14.8	17.8	11.3	20.7	62.0	71.0
18	1.0	12.8	15.9	14.3	11.1	26.3	63.0	75.0
19	0.0	8.8	11.2	13.8	10.8	24.0	63.0	70.0
20	5.0	15.0	18.5	18.5	12.5	24.7	60.0	68.0
21	5.0	11.0	10.3	10.7	12.0	26.0	64.0	66.0
22	0.0	9.4	12.2	14.4	12.0	27.0	63.0	70.0
23	0.0	14.5	15.8	14.9	10.0	29.7	51.0	73.0
24	0.0	4.1	12.9	15.5	9.0	22.7	65.0	70.0
25	5.0	10.7	15.4	13.9	13.0	28.7	60.0	70.0
平均	0.7	9.6	15.2	14.7	10.8	25.0	62.9	71.3

表 7.7　各采样点的小麦植被含水量(g/m²)

编号	第1次	第2次	第3次	第4次	第5次	第6次	第7次	第8次
1	0	62.6	190.9	241.6	365.1	506.1	4357.7	2759.6
2	0	58.3	187.5	247.0	104.8	355.6	3264.0	4451.1
3	0	65.2	184.0	242.0	144.0	467.0	3099.7	2660.5
4	0	69.3	193.2	244.6	140.5	403.2	3332.0	4108.3
5	0	67.0	188.2	232.0	216.5	731.9	2892.8	3510.5
6	0	61.5	190.2	243.3	344.7	888.4	2181.7	3952.5
7	0	56.8	186.0	250.7	210.4	727.7	3368.8	3045.8
8	0	72.3	182.2	242.7	357.3	546.0	3380.2	3538.8
9	0	75.3	190.9	232.3	230.4	704.2	5086.2	4040.3
10	0	65.6	189.7	239.0	133.5	257.5	2567.0	1768.0
11	0	60.1	196.0	237.5	95.8	267.8	2867.3	3300.8
12	0	71.0	194.0	241.9	185.6	275.4	3289.5	2008.8
13	0	62.0	195.3	242.1	164.5	745.8	2977.8	5383.3
14	0	62.7	186.3	242.0	326.3	514.3	3213.0	5403.1
15	0	69.4	185.3	238.2	140.4	400.7	3822.2	3788.1
16	0	58.1	183.7	237.0	306.9	473.6	2637.8	2802.1
17	0	55.2	192.5	237.1	169.2	338.3	3459.5	3136.5
18	0	67.1	203.9	244.3	280.7	796.7	5536.3	4816.6
19	0	67.0	193.6	230.7	96.3	757.1	4669.3	2572.6
20	0	65.5	186.1	239.0	232.1	406.7	3725.8	4723.1
21	0	67.5	194.2	241.4	209.2	651.7	5423.0	3122.5
22	0	70.4	184.4	236.7	178.6	542.0	3431.2	4281.1
23	0	69.9	182.9	242.4	239.0	1285.8	3094.0	5119.8
24	0	62.2	193.6	239.6	138.7	413.3	3400.0	2385.4
25	0	69.0	186.1	235.3	290.0	711.1	6465.7	4516.3
平均	0.0	65.0	190.3	239.3	212.0	566.7	3641.7	3647.9

7.2　小麦区裸土期散射特性分析与土壤粗糙度参数反演

　　本节利用 AIEM 模型模拟了不同地表参数条件下哨兵 1 号 SAR 数据的后向散射系数，综合分析了哨兵 1 号数据随入射角、土壤水分和土壤粗糙度等参数的响应变化；在此基础上，构建了小麦裸土期哨兵 1 号数据随土壤水分和土壤复合粗糙度参数 Z_s 变化的裸土散射模型 (bare soil model，BSM)；并基于 BSM 裸土散射模型，结合星地同步试验野外测量数据，反演了各采样田块的土壤粗糙度 Z_s 参数。土壤粗糙度 Z_s 参数的获取，为提高小麦后续生长季的土壤水分反演的精度提供了基础参数。

7.2.1　裸土条件下哨兵 1 号 SAR 数据散射特性分析

在小麦种植初期,小麦对雷达后向散射系数的衰减作用可忽略不计,通常将这一时期看作"裸土期"。在裸露地表的微波散射模型中,AIEM 模型是理论模型,具有较好的模拟精度,是目前主流的裸土散射模型。AIEM 模型可以模拟不同雷达参数(频率、极化和入射角等)以及地表参数(土壤水分、土壤粗糙度等)条件下,雷达后向散射系数的变化。

哨兵 1 号卫星的观测频率为 5.405 GHz,IW 模型下一景数据的入射角变化范围为 29°～46°,极化方式为 VV/VH。本节基于 AIEM 模型模拟哨兵 1 号 VV 极化数据,将具体分析不同入射角、土壤粗糙度和土壤水分条件下,哨兵 1 号雷达后向散射系数的响应变化。在利用 AIEM 模型模拟哨兵 1 号数据的过程中,不考虑土壤温度、土壤类型等因素对后向散射系数的影响。

7.2.1.1　哨兵 1 号 VV 后向散射系数对土壤水分变化的响应分析

图 7.1 为不同土壤粗糙度(均方根高度 s)条件下,哨兵 1 号 VV 后向散射系数对土壤水分变化的响应,图中相关长度 l 为 10 cm,入射角为 40°。从图中可以看出,不同粗糙度条件下,后向散射系数随土壤水分呈现类似的变化规律:在土壤水分较低时,雷达散射系数随土壤水分升高快速增加;而当土壤水分较高时,雷达散射系数随着土壤水分增加的趋势逐渐变缓,最后趋近于饱和。土壤水分的变化(从最干到最湿)对后向散射影响大约为 5 dB,例如当 $s=0.9$ 时,土壤水分 0.05 和 0.45 m³/m³ 对应的后向散射系数分别为 7.1 和 2.1 dB。另外,同一土壤水分条件下,不同粗糙度条件下的后向散射系数差异较大,特别是土壤较为光滑时,土壤粗糙度的变化甚至高于土壤水分变化对于后向散射系数的影响。

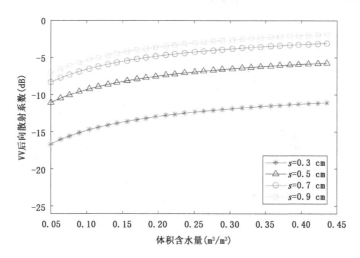

图 7.1　不同土壤粗糙度条件下,VV 后向散射系数随土壤水分含量的变化($l=10$ cm,入射角$=40°$)

图 7.2 分别为不同入射角条件下,哨兵 1 号 VV 后向散射系数对土壤水分变化的响应,其中土壤粗糙度参数 s 为 1 cm,相关长度 l 为 10 cm。如图所示,不同入射角条件下,雷达后向散射系数随土壤水分亦呈现为先快速增加而后变缓、饱和的趋势;同一水分条件下,在入射角较低时土壤的后向散射较强。

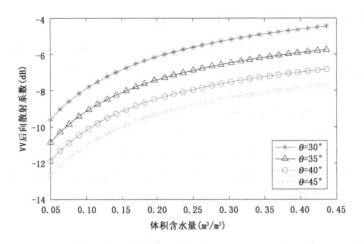

图 7.2　不同入射角条件下，VV 后向散射系数随土壤水分含量的变化（$s=1\ \mathrm{cm}$，$l=10\ \mathrm{cm}$）

7.2.1.2　哨兵 1 号 VV 后向散射系数对土壤粗糙度变化的响应分析

图 7.3 为不同土壤水分条件下，哨兵 1 号 VV 后向散射系数对土壤粗糙度参数 s 的响应变化，其中相关长度 l 为 10 cm，入射角为 40°。如图 7.3 所示，雷达后向散射系数随着均方根高度 s 的变化较为复杂，在 s 较小时，雷达后向散射系数随着 s 的增加而快速升高，而后逐渐趋于饱和，在 1.3 cm 左右处达到最大值；而后，随着 s 的继续增加，雷达后向散射系数逐渐下降。土壤水分条件的变化对后向散射系数的变化趋势并不大，从中也可以看出，土壤粗糙度的变化总体上对后向散射系数的影响大于土壤水分。

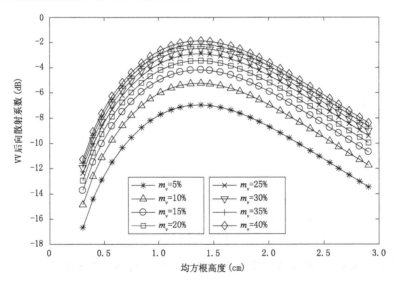

图 7.3　不同土壤水分条件下，VV 后向散射系数随土壤粗糙度参数 s 的变化（$l=10\ \mathrm{cm}$，入射角 $=40°$）

图 7.4 为不同土壤水分条件下，哨兵 1 号 VV 后向散射系数对土壤粗糙度参数相关长度 l 的响应变化，图中均方根高度 s 设为 1 cm，入射角设为 40°。可以看出，不同土壤水分条件下，后向散射系数随着相关长度 l 的变化呈现出与随 s 变化类似的规律，即随着 l 的先增加，到达

最大值后逐渐变小。与 s 相比，l 对后向散射系数的影响较小。

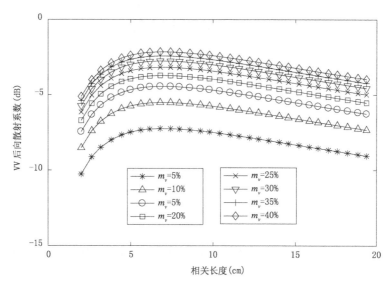

图 7.4　不同土壤水分条件下，VV 后向散射系数随土壤粗糙度参数 l 的变化（$s=1$ cm，入射角 $=40°$）

7.2.1.3　哨兵 1 号 VV 后向散射系数对入射角变化的响应分析

图 7.5 给出了不同土壤水分条件下，哨兵 1 号 VV 后向散射系数对入射角 θ 变化的响应。可以看出，后向散射系数随着 θ 的增加呈现近线性的下降趋势；在一景数据的角度变化范围内（$29°\sim46°$），土壤水分较入射角 θ 对哨兵 1 号后向散射系数的影响更大。

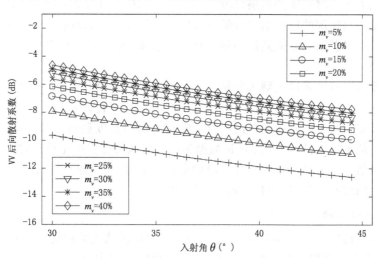

图 7.5　不同土壤水分条件下，VV 后向散射系数随入射角 θ 的变化（$s=1$ cm，$l=10$ cm）

如图 7.6 所示，不同土壤粗糙度条件下，哨兵 1 号 VV 后向散射系数总体上随着入射角 θ 的增加而降低。但不同的粗糙度条件下，后向散射系数随 θ 变化的速率差异较大，可以看出粗糙度参数 s 较大时，后向散射系数随 θ 下降的幅度逐渐降低。另外，在一景图像角度的变化范围内，后向散射系数对土壤粗糙度参数的变化影响更为强烈。

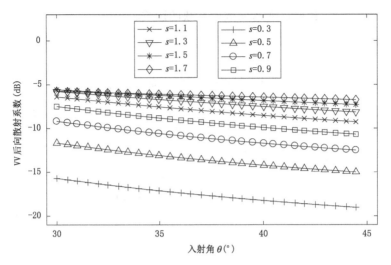

图 7.6　不同土壤粗糙度条件下, VV 后向散射系数随着入射角 θ 的变化($l=10$, $m_v=15$)

7.2.2　复合粗糙度参数 Z_s 的模型反演

在主动微波遥感土壤水分反演领域,地表参数化是发展土壤水分反演模型的基础,而能否获取准确的土壤粗糙度描述参数是决定土壤水分反演精度的关键。研究表明,裸土的后向散射系数与土壤粗糙度呈较强的依赖关系,当土壤表面较为光滑且观测角度较大时,这种依赖关系接近于指数型(Altese et al.,1996; Noborio, 2001)。土壤粗糙度对雷达后向散射系数的影响通常相当于或大于土壤湿度的影响(Baghdadi et al.,2018; Kornelsen et al.,2013)。因此,如何有效分离地表粗糙度的后向散射贡献一直以来都是裸土后向散射模型研究的重点。而地表粗糙度参数的准确获取是分离其后向散射贡献的前提,也是下一步提高雷达数据土壤水分反演精度的关键。

土壤粗糙度是影响农业区土壤水分雷达反演精度最主要的因素之一。农业区土壤粗糙度随作物种植周期呈现出明显的周期性变化,目前,有关这一变化过程的研究并不多见,土壤粗糙度参数通常被假定为不随时间变化的定值。农田土壤粗糙度测量十分困难,难以依靠实地测量获取区域上的土壤粗糙度参数; SAR 数据为衡量区域尺度上的土壤粗糙度空间分布及时间变化提供了可能。本节以星地同步野外测量数据为基础,利用裸土后向散射模型,发展基于哨兵 1 号 SAR 数据的农田土壤粗糙度参数估算方法。

7.2.2.1　土壤复合粗糙度参数 Z_s

当已知土壤粗糙度参数时, AIEM 模型可以较好地模拟裸土的后向散射系数,但自然条件下,土壤粗糙度参数的获取十分困难。目前,在大多数的研究中,仅使用均方根高度近似表示土壤的粗糙度参数,但这会使得土壤水分的反演结果误差较大(Rahman et al.,2008; Terhoeven-Urselmans et al.,2008)。为此, Zribi 等(2011)基于 AIEM 模型分析结果以及试验数据,提出了一个新的粗糙度表征参数 $Z_s = s^2/l$。为了研究不同土壤粗糙度参数对哨兵 1 号 SAR 数据的影响,本研究利用 AIEM 模型模拟了哨兵 VV 极化后向散射系数随不同土壤粗糙度参数的变化。土壤水分条件设置为 10% 和 30%、入射角为 40°,均方根高度 s 以 0.2 cm 步长从 0.3 cm 变化到 1.5 cm,相关长度以 2 cm 为步长从 4 cm 变化到 12 cm。图 7.7 给出了 AIEM

模拟结果,从图中可以看出:仅适用均方根高度 s 表征土壤粗糙度时,后向散射系数会受到相关长度 l 变化的影响,特别是 s 较小时;而当使用 Z_s 表征土壤粗糙度参数时,后向散射系数对 Z_s 参数表现出非常强的依赖关系。因此,本研究中将使用 Z_s 参数描述土壤的粗糙度。

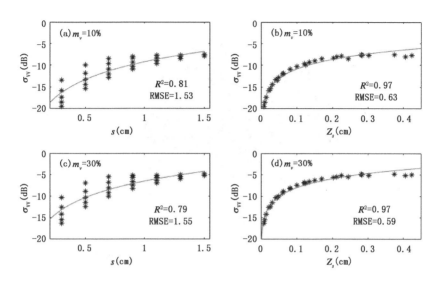

图 7.7　雷达后向散射系数随不同土壤粗糙度参数的变化

7.2.2.2　裸土散射模型

由 AIEM 模型的模拟结果可知,在裸土状态下,土壤的后向散射系数可以仅看成土壤水分和土壤粗糙度的函数,这一函数关系式可以写成式(7.1)的形式(Zribi et al.,2003)。

$$\sigma_{pq}(\theta) = a(\theta) \cdot \ln(m_v) + b(\theta) \cdot \ln(Z_s) + c(\theta) \qquad (7.1)$$

式中,σ_{pq} 为极化参数;m_v 为土壤水分;Z_s 为土壤复合粗糙度参数;θ 为入射角;a、b、c 为方程系数。

为获取模型系数 a、b、c,本书基于哨兵 1 号数据在研究区角度变化范围,以及农田中常见的土壤水分和粗糙度变化范围,构建了入射角、土壤水分和 Z_s 参数库。其中,入射角从 30°变化到 45°(步长为 1°),土壤水分从 0.05 m³/m³ 变化至 0.35 m³/m³(步长 0.01 m³/m³),均方根高度 s 从 0.3 cm 变化至 1.2 cm(步长 0.1 cm),相关长度从 4 cm 变化至 20 cm(步长为 0.1),对应的 Z_s 参数从 0.0045 变化至 0.36。需要注意的是,本模型并不适用于土壤粗糙度特别大的农田,例如刚翻耕的田块。

利用 AIEM 模型,本书模拟以上不同参数组合条件下(共 843200 个参数组合)的哨兵 1号后向散射系数。基于 AIEM 模拟结果,利用最小二乘法获取了模型的系数随角度变化的公式,如下:

$$a(\theta) = 0.0002 \cdot \theta^2 - 0.0120 \cdot \theta + 2.755$$
$$b(\theta) = -0.0010 \cdot \theta^2 + 0.1141 \cdot \theta + 0.5018 \qquad (7.2)$$
$$c(\theta) = 0.0018 \cdot \theta^2 - 0.2234 \cdot \theta + 9.316$$

本节将模型称为哨兵 1 号数据的裸土散射模型(bare soil model,BSM),实验结果表明,a、b、c 随入射角 θ 变化的公式可以很好地描述这几个参数的变化。

图 7.8 给出了 $\theta = 40°$ 时,模拟的哨兵 1 号 VV 极化后向散射系数(σ_{VV})随着土壤水分以及 Z_s 参数的变化。如图所示,σ_{VV} 随着土壤水分(m_v)和 Z_s 参数的增加而增加,且随着 m_v 和 Z_s 的增加,σ_{VV} 的变化趋势逐渐变小。总体上,Z_s 参数对后向散射系数的影响高于 m_v。

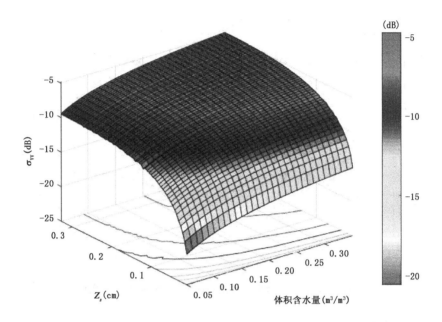

图 7.8　哨兵 1 号后向散射系数随土壤水分和粗糙度参数 Z_s 的变化

为表征 BSM 裸土模型的精度,本节对比分析了相同参数组合条件下 BSM 和 AIEM 模型的模拟值。如图 7.8 所示,BSM 和 AIEM 模型总体上表现出较好的一致性,并且这种一致性随着入射角的增加而增加;如表 7.8 所示,随着入射角的增加,二者的均方根误差逐渐降低,相关系数 R 逐渐增加。另外,BSM 模型在土壤粗糙度较小时(σ_{VV} 较低),与 AIEM 模型的一致性更好;而当土壤粗糙度参数较大时(σ_{VV} 较高),BSM 与 AIEM 模型的一致性会有一定程度的下降。

表 7.8　BSM 与 AIEM 模型模拟值的对比

统计参数	$\theta = 30°$	$\theta = 35°$	$\theta = 40°$	$\theta = 45°$
RMSE	0.5184	0.3958	0.3036	0.2440
R	0.9838	0.9915	0.9954	0.9972

7.2.2.3　Z_s 参数模型反演

对于单一田块,由于日照、气温、降水、土质以及灌溉情况一致,可将其土壤表层水分看作近似相等。研究中可以通过多点采样的方式,求取单一田块的土壤水分均值。利用土壤水分数据和后向散射系数,可以较好地对地表的土壤粗糙度参数进行约束。比如,利用 Sentinel-1 数据对农业区裸土的均方根高度(s)进行了估计,研究发现:没有辅助数据时,s 的估算结果较差(>1 cm),而结合土壤水分数据可以明显降低反演误差(Baghdadi et al.,2018)。

鉴于土壤粗糙度参数在土壤水分反演中的重要作用,本节将联合 BSM 裸土散射模型和星地同步试验获取的野外各田块的土壤水分数据,反演小麦种植初期的土壤粗糙度 Z_s 参数。目前,研究中大多假设土壤粗糙度参数在作物生长季不发生变化。因此,模型反演的 Z_s 参数可帮助提高小麦生长后期的土壤水分的反演精度。

由小麦冠层含水量的测量结果(表 7.7)可知,在小麦种植初期(2018 年 10 月 10 日),小麦处于发芽阶段,地表的生物量近似为 0。将该观测日测量的各田块的平均体积含水量(表 7.3)和提取的哨兵 1 号后向散射系数代入 BSM 裸土散射模型(式(7.1)和(7.2)),可获取各田块的平均粗糙度 Z_s 参数。表 7.9 给出了不同试验田块模型反演的 Z_s 参数的均值。可以看出,各田块总体上的粗糙度较小(Z_s 一般小于 0.1 cm),但不同田块的粗糙度还是存在较大的差异,比如田块 10 的 Z_s 为 0.042,田块 16 的 Z_s 为 0.159,二者相差 3 倍左右。

表 7.9　各采样田块模型反演的复合粗糙度参数 Z_s(cm)

编号	Z_s	编号	Z_s	编号	Z_s	编号	Z_s	编号	Z_s
1	0.065	6	0.116	11	0.061	16	0.159	21	0.051
2	0.077	7	0.085	12	0.103	17	0.057	22	0.050
3	0.108	8	0.085	13	0.129	18	0.061	23	0.123
4	0.048	9	0.068	14	0.074	19	0.071	24	0.067
5	0.119	10	0.042	15	0.068	20	0.066	25	0.061

另外,根据野外测量土壤粗糙度参数均方根高度和相关长度(表 7.5),计算了各田块的 Z_s 参数(表 7.10)。对比了 BSM 裸土模型和实测数据反演 Z_s,可以看出,实测 Z_s 总体上明显高于模型反演值,二者之间也不存在明显的相关关系。通过对比试验田块的观测结果,发现反演的 Z_s 参数不仅与田块中田埂的密度有关,同时还在很大程度上受田埂的走向影响,例如田埂南北向田块的 Z_s 明显高于东西走向的田块。

表 7.10　采样点野外测量的复合粗糙度参数 Z_s(cm)

编号	Z_s	编号	Z_s	编号	Z_s	编号	Z_s	编号	Z_s
1	0.209	6	0.756	11	0.317	16	0.397	21	0.304
2	0.645	7	0.678	12	0.858	17	0.557	22	0.155
3	0.091	8	0.555	13	1.117	18	0.489	23	0.655
4	0.619	9	0.558	14	0.538	19	0.712	24	0.455
5	0.317	10	1.111	15	0.580	20	0.267	25	0.116

大量研究表明,土壤粗糙度参数 s 和 l 并不是两个完全独立参数,它们之间存在着非常复杂的耦合关系(贾晓俊 等,2014)。在野外测量试验中,两个参数的测量结果与测量仪器的长度以及测量次数都有着较大关系(Bryant et al.,2007)。其中,l 的测量尤其困难,有学者甚至认为需要上百米的地面测量才能获得较为稳定测量的结果(邓英春 等,2007)。在 AIEM 模型中,l 的准确性还取决于表面自相关函数的选取(Tarara et al.,1997)。另外,卫星的后向散射系数还与田垄的走向有关,这使得在自然条件下,难以得到准确的土壤粗糙度参数。这也可以解释测量与模型反演的 Z_s 参数差异如此巨大的原因。

土壤粗糙度参数的测量误差,将导致模型模拟结果与 SAR 数据观测值之间的不一致(Baghdadi et al.,2018;Bai et al.,2017;Jayawardane et al.,1984;Merzouki et al.,2011),从

而影响土壤水分的估算精度。基于测量和 BSM 模型 Z_s 参数模拟的哨兵 1 号雷达后向散射系数，二者直接存在着巨大的差异。这说明直接使用田间测量的土壤粗糙度参数，特别当田块存在田垄时，将在很大程度上降低土壤水分反演的精度，甚至无法获得反演结果。因此，发展基于卫星遥感数据的土壤粗糙度估算算法是十分必要的。大区域地表粗糙度数据的获取也将有利于其在其他领域的应用，如土壤水分的被动微波反演以及水文学科中的流水侵蚀预测等。

7.3　水云模型构建与小麦生长季土壤水分反演

水云模型是目前主流的植被散射模型，可用于模拟哨兵 1 号卫星在小麦生长期的冠层后向散射系数。本章利用 BSM 裸土散射模型、土壤粗糙度 Z_s 参数、土壤水分、小麦冠层含水量以及 NDVI 等数据，构建了小麦区水云模型；并利用验证数据集对水云模型的模拟精度进行了验证。基于构建的水云模型，发展了小麦生长季的土壤水分反演算法，并对土壤水分反演结果进行了精度分析。

7.3.1　水云模型的建立与验证

7.3.1.1　水云模型构建

本小节将综合利用以上获取的数据和反演模型，结合提取的各采样田块的哨兵 1 号后向散射系数，建立适用于本研究中小麦种植区的水云模型。以期基于建立的水云模型，反演小麦生长季的土壤水分。

在水云模型参数化的过程中，首先构建了由土壤水分、土壤粗糙度 Z_s 参数、小麦冠层含水量和 NDVI 以及各试验田块的哨兵 1 后向散射系数组成基础数据库，该数据库共有 200 组试验数据（8 次试验×25 个采样点）。然后，在基础数据库中随机抽水 50% 的数据用于水云模型的参数化，剩余的 50% 用于模型的精度验证。

当使用小麦的植被含水量表征小麦冠层参数时，获取的水云模型参数 $a=0.01554$，$b=0.9268$。式（7.3）给出了参数化后的水云模型，如下：

$$\sigma_{VV}^o = 0.01554 \cdot \text{VWC} \cdot \cos\theta \cdot (1 - \exp(-2 \cdot 0.9268 \cdot \text{VWC} \cdot \sec\theta))$$
$$+ \exp(-2 \cdot 0.9268 \cdot \text{VWC} \cdot \sec\theta) \, \sigma_{soil}^o \tag{7.3}$$

式中，σ_{VV}^o 为哨兵 1 号 VV 极化后向散射系数；VWC 为小麦冠层含水量；θ 为入射角；σ_{soil}^o 为裸土后向散射系数。

当使用哨兵 2 号（S2）获取的 NDVI 表征小麦冠层参数时，水云模型的参数 $a=0.1001$，$b=1.775$。注意，裸土的 NDVI 被设置为 0.15，此时的植被含水量为 0。在构建水云模型时，使用的 NDVI 由 S2 观测的 NDVI 减去裸土 NDVI（0.15）而获得。参数化后的水云模型如下：

$$\sigma_{VV}^o = 0.1001 \cdot \text{NDVI} \cdot \cos\theta \cdot (1 - \exp(-2 \cdot 1.775 \cdot \text{NDVI} \cdot \sec\theta))$$
$$+ \exp(-2 \cdot 1.775 \cdot \text{NDVI} \cdot \sec\theta) \, \sigma_{soil}^o \tag{7.4}$$

图 7.9 给出了构建的水云模型中小麦冠层后向散射系数随裸土后向散射和小麦植被含水量的变化。水云模型与测量数据的相关系数 $R^2 = 0.87$（表 7.11），这说明利用小麦 VWC 构建的水云模型可以较好地模拟哨兵 1 号在小麦种植区的后向散射系数。

与图 7.9 类似，图 7.10 给出了由 NDVI 构建的水云模型中小麦冠层后向散射系数随裸土后向散射以及 NDVI 变化。水云模型与测量数据的相关系数 $R^2 = 0.86$（表 7.11）。从表 7.11 中水云模型与建模数据之间的统计参数可以看出，VWC 和 NDVI 都可以较好地描述小麦冠层的后向散射贡献。

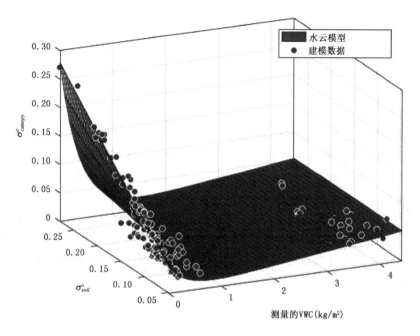

图 7.9　水云模型中小麦区后向散射随裸土后向散射和 VWC 的变化

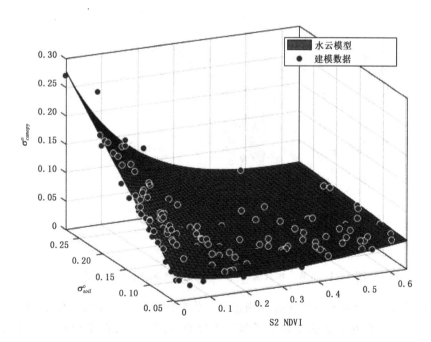

图 7.10　水云模型中小麦区后向散射随裸土后向散射和 NDVI 的变化

表 7.11　水云模型与建模数据之间的统计参数

统计参数	水云模型（VWC）	水云模型（NDVI）
SSE	0.0447	0.0612
R^2	0.8736	0.8636
DFE	99	99
$adjR^2$	0.8727	0.8629
RMSE	0.0174	0.0176

SSE 表示和方差，DFE 表示调整后的决定系数，$adjR^2$ 表示自由度

7.3.1.2　水云模型的验证

本节利用基础数据库中的验证数据（占 50%），对建立的水云模型的精度进行了综合评估。在评估的过程中，首先将各采样点土壤水分和 Z_s 数据代入 BSM 裸土散射模型，以获取各采样点裸土条件下的后向散射系数 σ_{soil}^0；然后将 σ_{soil}^0 和植被含水量 VWC 或者 NDVI 代入水云模型中得到模拟的小麦冠层总后向散射系数。

在评估水云模型的模拟精度时，使用相关系数 R 和均方根误差 RMSE 两个统计参数。图 7.11 和图 7.12 分别给出了 VWC 和 NDVI 水云模型模拟的小麦冠层后向散射系数与哨兵 1 数据的对比。从图中的统计参数可以看出，使用 VWC 和 NDVI 构建的水云模型，总体上都可以较好地模拟哨兵 1 号数据。

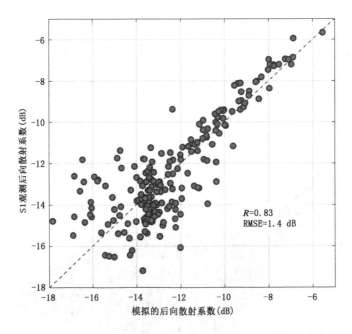

图 7.11　VWC 水云模型与 S1 观测后向散射系数的对比

大量研究表明，水云模型可以较好地描述谷类作物的后向散射系数。例如 Wu 等（2016b）和 Bousbih 等（2017）利用水云模型评估了哨兵 1 号数据进行小麦区土壤反演的可行性，研究结果证明 C 波段的雷达在小麦种植初期植被含水量较小时可以较好地反演土壤水分，相反当小麦植被含水量较大时，模拟的后向散射系数与土壤水分的相关性并不大。

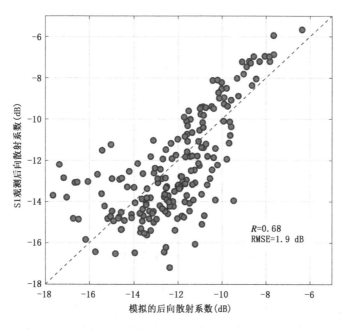

图 7.12　NDVI 水云模型与 S1 观测的后向散射系数的对比

　　为此,本书分别评估了水云模型在不同小麦参数条件下的模拟精度。综合考虑前人的研究成果以及试验中的观测数据,本节以 VWC＝0.3 kg/m² 和 NDVI＝0.4 作为阈值划分小麦冠层参数。图 7.13 给出了 VWC＜0.3 kg/m² 和 VWC＞0.3 kg/m² 两种条件下,水云模型模拟后向散射系数与哨兵 1 号观测结果的对比。从图中可以看出,当小麦冠层 VWC 较小时,水云模型与 S1 数据具有较好的相关性(R＝0.93);但当小麦冠层含水量较大时,水云模型的模拟结果与 S1 数据之间几乎不存在相关性(R＝0.22)。图 7.14 给出了 NDVI＜0.4 和 NDVI＞0.4 两种条件下,水云模型模拟后向散射系数与哨兵 1 号观测结果的对比。同样可以看出,当 NDVI

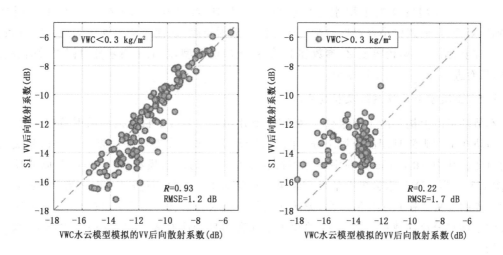

图 7.13　不同 VWC 条件下,水云模型模拟结果与 S1 数据的对比

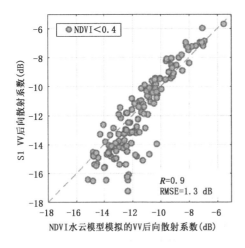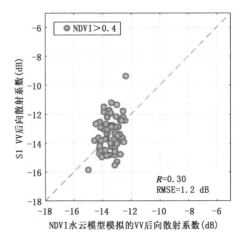

图 7.14　不同 NDVI 条件下,水云模型模拟结果与 S1 数据的对比

较小时,水云模型与 S1 数据的相关性明显优于 NDVI 较大时。以上结果清晰地表明,水云模型在小麦初期植被含水量较小时,可较好地模拟 S1 后向散射系数,但当小麦冠层含水量较大时,水云模型并不适用,这与前人的研究结论是一致的(Baghdadi et al. ,2018;Bousbih et al. , 2017;Wu et al. ,2016b)。

7.3.2　反演结果与精度分析

7.3.2.1　土壤水分反演流程

由上节的模拟和验证结果可知,水云模型可以较好地模拟哨兵 1 号数据在小麦初期的后向散射系数。本节将基于以上构建的水云模型,发展小麦生长季的土壤湿度反演算法。需要再次强调的是,水云模型仅在小麦植被含水量较小时(VWC<0.3 kg/m²)模拟效果好,因此基于水云模型发展出的土壤水分反演算法也仅适用于此条件限制下的土壤水分反演。

基于水云模型发展的土壤水分反演算法流程中,首先基于水云模型和小麦冠层参数(VWC/NDVI),分离出小麦冠层对哨兵 1 号数据散射贡献,从而还原出裸土的后向散射系数;在此基础上,结合土壤粗糙度 Z_s 参数和 BSM 裸土散射模型,获取土壤水分对裸土后向散射的贡献,从而进一步反演出土壤水分。

7.3.2.2　土壤水分反演结果及精度分析

本节基于以上构建的土壤水分反演算法,利用哨兵 1 号 VV 极化后向散射数据,反演了各采样田块在不同观测日期的土壤水分。图 7.15 给出了水云模型反演结果与野外试验实测数据的对比。其中,图 7.15a 是利用小麦植被含水量构建的水云模型(WCM)而获取的反演结果,图 7.15b 为 NDVI 水云模型的反演结果。在反演土壤水分的过程中,由于第 7 和第 8 次试验时小麦的 VWC 和 NDVI 值过高,无法获取其土壤水分信息。图 7.15 仅给出了前 6 次试验对应的土壤水分反演数据。表 7.12 给出了不同观测日期所有采样田块小麦的植被含水量和高度均值。

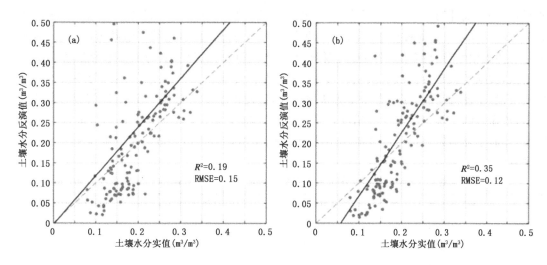

图 7.15　模型反演与实测土壤水分的对比(a. VWC WCM；b. NDVI WCM)

表 7.12　不同试验日期小麦各采样点的 VWC、NDVI 和植株高度均值

试验编号	第 1 次	第 2 次	第 3 次	第 4 次	第 5 次	第 6 次	第 7 次	第 8 次
观测日期	17-10-10	17-10-22	17-11-04	17-11-16	18-03-28	18-04-09	18-05-03	18-05-15
VWC(kg/m^2)	0.0	65.0	190.3	239.3	212.0	566.7	3641.7	3647.9
NDVI	0.14	0.29	0.36	0.51	0.24	0.45	0.69	0.76
高度(cm)	0.0	9.6	15.2	14.7	10.8	25.0	62.9	71.3

　　由图 7.15 中统计参数可以看出,模型反演结果与实测数据总体上的一致性较为一般,特别是表现出较大的反演误差(RMSE>0.1 m^3/m^3)。另外,利用小麦 NDVI 构建的反演模型反演效果总体上优于利用 VWC 反演模型。

　　各采样田块的小麦冠层含水量(表 7.12)在第 1~5 次试验时,测量的均值小于 0.3 kg/m^2,而第 6 次试验时 VWC 均值高于 0.5 kg/m^2。图 7.16 为前 5 次试验模型反演与实测土壤水分数据的对比,较图 7.15 反演精度得到了很大程度的提升。为研究小麦冠层含水量对反演结果

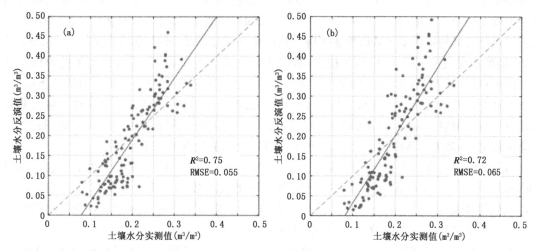

图 7.16　模型反演与实测土壤水分的对比(a. VWC WCM；b. NDVI WCM)

的影响,分别统计第1~5次试验与第6次试验反演结果与实测数据的对比结果(表7.13)。表7.13中bias为反演偏差,由结果减去测量结果而得到。由表中统计参数可以看出:前5次试验时的土壤水分反演结果明显优于第6次试验;第6次试验反演的土壤水分显著高于土壤实测值,贡献了大部分的反演误差。第6次试验处于小麦的拔节后期阶段,此时小麦处于快速生长阶段,小麦的高度、冠层含水量等快速增加,这使得小麦的哨兵1号SAR信号的衰减快速增强,进而影响土壤水分的反演精度。第7~8次试验时,小麦处于其生育期植被含水量最大阶段,此时小麦对雷达信号的衰减作用达到最大,土壤散射的后向散射系数难以穿透小麦冠层达到观测卫星。

表 7.13　试验第1~5次与第6次试验反演结果的统计参数(RMSE 和 bias 的单位为 m³/m³)

试验	VWC 模型(第1~5次)	VWC 模型(第6次)	NDVI 模型(第1~5次)	NDVI 模型(第6次)
R^2	0.75	0.09	0.72	0.13
RMSE	0.055	0.35	0.065	0.27
bias	−0.01	0.28	0.00	0.13

　　由以上分析结果可知,本节发展的土壤水分反演算法,在小麦生长的前期阶段可以获得较好的土壤水分反演精度。结合试验区小麦的生育期资料(表7.1),认为本节发展的土壤湿度反演算法适用于小麦拔节期以前,此时小麦的植被含水量小于0.3 kg/m²(NDVI 小于0.4),对应的小麦高度大致为20~25 cm。

7.3.3　讨论

　　基于构建的水云模型,本节具体讨论了小麦 VWC 和 NDVI 的变化对土壤以及小麦自身后向散射贡献的影响。图7.17给出了两种土壤水分条件下 VWC 水云模型各散射项以及双程衰减系数随小麦 VWC 的变化。图中0.1 m³/m³代表干旱条件,0.3 m³/m³代表湿润条件;土壤粗糙度 Z_s 参数设置为0.08 cm(小麦区均值)。从图中可以看出,双程衰减系数(τ^2)随着 VWC 的增加快速下降。例如 VWC=0.2 m³/m³时,$\tau^2=0.56$;VWC=0.3 m³/m³时,$\tau^2=0.42$;而当 VWC=1.0 m³/m³时,$\tau^2=0.06$。这说明当 VWC=0.3 m³/m³时,土壤后向散射中一半以上被小麦衰减掉;而当 VWC=1.0 m³/m³时,接近94%的信号被衰减,这也说明为什么土壤水分反演精度随着 VWC 快速下降。从图中还可以看出,小麦总的后向散射(σ_{all})随着 VWC 的增加先快速下降,然后趋于稳定,最后小幅上升。造成 σ_{all} 这一变化趋势的原因是在小麦种植初期,随着 VWC 的增加裸土后向散射系数由于小麦冠层的衰减作用而快速下降,同时小麦自身贡献的后向散射系数又特别小;之后,随着小麦 VWC 的增加,小麦对土壤的衰减与自身增加的散射贡献相当,从而使得总体后向散射系数趋于平衡,此时小麦贡献的后向散射逐渐占据主导;随着 VWC 的继续增大,小麦自身以及总的后向散射继续增加。

　　当裸土的后向散射贡献大于小麦冠层的贡献时,SAR 信号对土壤水分的变化较为敏感(Bousbih et al.,2017),认为此时能够利用水云模型获取较为准确的土壤水分信息。如图7.17a所示,干旱条件下($m_v=0.1$ m³/m³),VWC=0.77 m³/m³时小麦冠层自身的后向散射等于土壤贡献的后向散射系数;当土壤湿度较大时($m_v=0.3$ m³/m³),VWC=0.93 m³/m³,土壤水分的增加也会使得这一阈值逐渐增大。也就是说,在理论上小于对应的小麦 VWC 阈值时,哨兵1号 SAR 信号对土壤水分较为敏感,可用于反演获取土壤水分信息。

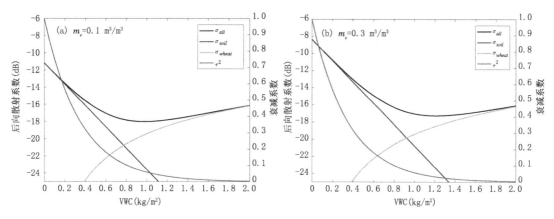

图 7.17　水云模型中裸土和小麦冠层散射贡献以及衰减系数随 VWC 的变化(附彩图)

注：σ_{all} 为总的观测后向散射系数，σ_{soil} 为裸土贡献的后向散射系数，σ_{wheat} 为小麦冠层贡献的后向
散射系数，τ^2 为小麦冠层对雷达波的双程衰减系数。

图 7.18 给出了两种土壤水分条件下 NDVI 水云模型各散射项以及双程衰减系数随归一
化植被指数 NDVI 的变化。总体上，NDVI 模型中各散射项以及双程衰减系数的变化规律与
VWC 类似。需要注意的是，模型中使用的 NDVI 为 S2 的 NDVI 观测值减去了裸土的 NDVI
值(0.15)。两种水分条件下，小麦后向散射贡献与裸土后向散射相等时的 NDVI 分别为 0.46
和 0.53。当 NDVI 小于此值时，可以较为准确地获取土壤水分信息。

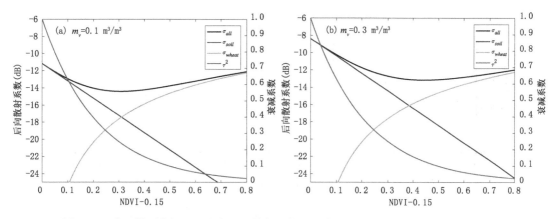

图 7.18　水云模型中裸土和小麦冠层散射贡献以及衰减系数随 NDVI 的变化(附彩图)

图 7.19 和图 7.20 分别给出了各次试验 VWC 和 NDVI 水云模型中土壤水分反演结果与
实测值的对比。虽然水云模型总体上可以较好地反演小麦区的土壤水分信息，但不同观测日
土壤水分的反演精度差异却比较大(表 7.14 和表 7.15)。这说明水云模型在模拟小麦后向散
射时还存在一定的局限性。水云模型作为简化模型，并没有考虑小麦结构的变化对 SAR 信号
的影响；同时，本节在建模时没有考虑小麦生长季的土壤粗糙度参数的变化；另外，VWC(每一
田块小麦仅采样 1 m²)和 NDVI(受土壤水分和天气条件影响)也会存在一定的观测误差。以
上这些限制条件都会不同程度地影响模型精度，进而影响土壤水分的反演精度。

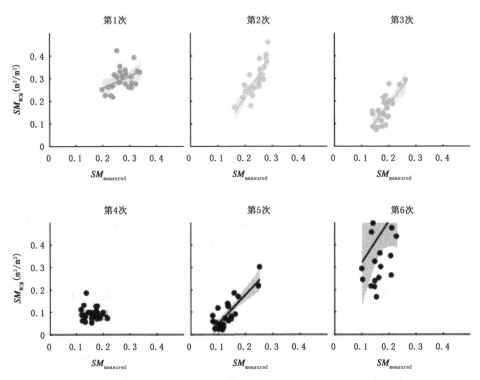

图 7.19　各次试验土壤水分反演结果与实测值的对比（VWC 水云模型）

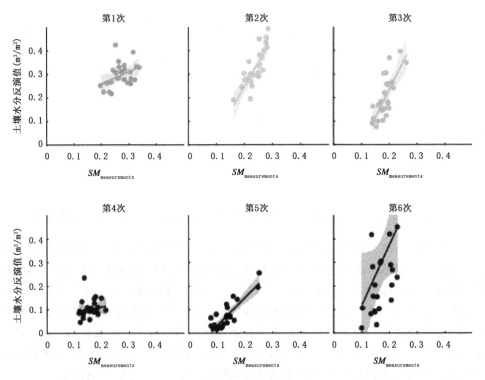

图 7.20　各次试验土壤水分反演结果与实测值的对比（NDVI 水云模型）

表 7.14　各次试验 VWC 水云模型土壤水分反演结果与实测值之间的统计参数

试验	第 1 次	第 2 次	第 3 次	第 4 次	第 5 次	第 6 次
R	0.40	0.83	0.73	−0.12	0.82	0.30
RMSE	0.05	0.08	0.05	0.08	0.06	0.35

表 7.15　各次试验 NDVI 水云模型土壤水分反演结果与实测值之间的统计参数

试验	第 1 次	第 2 次	第 3 次	第 4 次	第 5 次	第 6 次
R	0.40	0.82	0.77	0.15	0.85	0.36
RMSE	0.05	0.11	0.07	0.07	0.07	0.27

7.3.4　结论

本节分别利用小麦冠层含水量(VWC)和 NDVI 表征小麦冠层参数,构建了小麦区 VWC 和 NDVI 水云模型。这两个水云模型均可以较好地模拟小麦区哨兵 1 号的 SAR 数据;但当小麦参数满足 VWC<0.3 kg/m² 或 NDVI<0.4 时,模拟精度明显较优。

基于构建的水云模型,发展了小麦生长季的土壤水分反演算法。反演精度受小麦 VWC 和 NDVI 参数的影响较大,当 VWC<0.3 kg/m² 或 NDVI<0.4 时,可反演得到较为准确的土壤水分信息。随着 VWC 和 NDVI 增加,反演精度快速下降,甚至无法利用模型反演出土壤水分。

水云模型中各散射项以及植被衰减系数随 VWC 和 NDVI 变化的分析结果表明:干旱条件下,VWC=0.77 m³/m³、NDVI=0.46 时,小麦贡献的后向散射与土壤相等;湿润条件下,VWC=0.93 m³/m³、NDVI=0.53 时,小麦贡献的后向散射与土壤相等。理论上,当 VWC 和 NDVI 小于对应的阈值时,哨兵 1 号 SAR 数据对土壤水分变化较为敏感。

第8章 基于多源遥感数据土壤水分反演应用案例

8.1 主动微波与光学遥感联合反演土壤湿度

对于植被覆盖地表,光学数据构建的植被指数能很好地估算植被含水量信息,而微波数据能探测到地表土壤水分信息,因而综合利用光学与微波数据反演植被覆盖地表土壤水分能发挥各自的优点,从而实现土壤水分的精确反演。对于一个 SAR 传感器,其仪器观测到的后向散射系数中既含有地表部分,也包含植被部分。因此,如何从雷达总的后向散射系数中分离出植被部分是研究中的重点。水云模型是研究植被覆盖地表土壤水分的一个重要工具,它将总的雷达后向散射分为土壤和植被两部分,其中土壤后向散射系数与土壤水分、入射角有关,可以利用 AIEM 模型模拟它们之间的关系;植被后向散射系数与植被含水量有关,而在实际应用中,一方面,植被含水量很难实地测量;另一方面,其测量还具有一定的破坏性,因此学者们通过建立归一化差异植被指数(NDVI)、增强型植被指数(EVI)和归一化差分水分指数(ND-WI)等与植被含水量的关系来估算该植被参数。在前人的研究基础上,以下研究利用 Landsat 8 OLI 数据构建的植被指数建立植被含水量模型,再结合水云模型,发展了一种光学与微波数据联合反演植被覆盖地表土壤水分半经验模型。

8.1.1 研究区概况及地面数据集

为建立植被覆盖地表土壤水分反演模型,从国际土壤水分观测网上选取有植被覆盖且地势平坦的西班牙卡斯蒂利亚-莱昂自治区的萨拉曼卡地区作为本章的另一个试验区域。国际土壤水分观测网(international soil moisture network,ISMN)是全球能源和水交换项目(global energy and water exchanges project,GEWEX)与地球观测组织(group of earth observation,GEO)和地球观测卫星委员会(committee on earth observation satellites,CEOS)共同建立的全球站点土壤水分数据库。该数据库对于地球科学界验证和提高全球卫星观测和地表模型精度具有重要的研究意义。卡斯蒂利亚-莱昂自治区位于西班牙西北部,是西班牙最大的自治区,包括阿维拉、帕伦西亚、布尔戈斯、莱昂、萨拉曼卡、索利亚、塞哥维亚、巴利亚多利德和萨莫拉 9 个省。西班牙地区的国际土壤水分观测网上的站点分布在巴利亚多利德和萨莫拉两个省,其土壤水分观测网经纬度范围为 $5°12' \sim 5°33'$ W,$41°09' \sim 41°27'$ N(图 8.1),研究区域以平原为主,其主要地表类型有农用地、自然植被、稀疏植被(草本植物)、草地、城市和建筑区、永久湿地、水体等。本章所使用西班牙的 20 个观测站的地面实测数据在国际土壤水分观测网(https://ismn.geo.tuwien.ac.at/ismn/)上下载,下载的土壤水分数据为 $0 \sim 5$ cm 深度层的土壤体积含水量,时间分辨率为 1 h,提取土壤体积含水量的时间与 Sentinel-1 卫星过境的时刻相匹配。

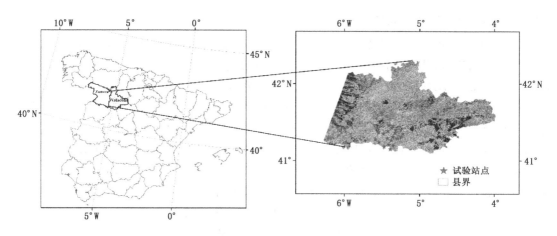

图 8.1　西班牙地区试验站点的分布图

8.1.2　卫星数据的获取与处理

8.1.2.1　Landsat 8 OLI 数据

Landsat 系列卫星的计划任务是在全球范围内重复获取地球表面的多光谱数据,它已向全球广泛和多样化的用户群体提供了超过 40 年免费的高空间分辨率卫星数据。其中 Landsat 8 卫星是由美国宇航局(National Aeronautics and Space Administration,NASA)和美国地质调查局(United States Geological Survey,USGS)共同负责的项目,于 2013 年 2 月 11 日在美国加州成功发射,目标是延续 Landsat 系列卫星数据的连续性。Landsat 8 卫星的轨道高度为 705 km,轨道倾角为 98.2°,重返周期为 16 d。作为 Landsat 7 卫星的后续卫星,Landsat 8 除了保持 Landsat 7 卫星的基本特征外,还在波段的数量和波段的光谱范围上进行了改进。其中新增的深蓝波段(波长范围:0.433~0.453 μm)主要用于陆地大型水面和海岸带的水色以及气溶胶监测,而新增的卷云波段(波长范围:1.36~1.39 μm)主要用于卷云的监测。

Landsat 8 影像是通过美国地质调查局的数据分发网站(https://glovis.usgs.gov/)向全球用户提供免费下载服务。由于 Landsat 属于光学影像,为了避免云污染,选择无云或少云的影像进行下载。对于西班牙试验地区,获取 2015 年 1 月 19 日、3 月 8 日、5 月 27 日、7 月 14 日、7 月 30 日和 2016 年 6 月 30 日、8 月 1 日、9 月 2 日、9 月 18 日的 9 幅 Landsat 8 影像。对于获取的影像首先进行辐射定标,其定标方程如下所示:

$$L_\lambda = M_L Q_{cal} + A_L \tag{8.1}$$

式中,L_λ 为大气顶部的辐射;Q_{cal} 为量化和校准的标准产品像素值(DN);M_L 为来自元数据的带特定乘性重定标因子;A_L 为来自元数据的带特定加性重定标因子。

为了减少大气的影响,使传感器获得更准确的地表面反射信息,还需利用 ENVI 的 Flaash 工具对辐射定标后的图像进行大气校正。然后利用 ENVI 的几何纠正功能,选用 300 个控制点对大气校正后的影像进行几何精校正,将其误差控制在 0.5 个像素以内。最后利用 ENVI 的 Bandmath 工具计算归一化植被指数 NDVI、增强型植被指数(enhanced vegetation index,EVI)和归一化水分指数(normalized difference water index,NDWI),并根据相应的站点经纬度坐标信息提取植被指数 NDVI、EVI 和 NDWI。

8.1.2.2 Sentinel-1 SAR 数据

Sentinel-1 卫星是欧盟委员会（European Commission，EC）和欧洲航天局（European Space Agency，ESA）共同倡议的全球环境与安全监测系统（Global Monitoring for Environment and Security，GMES）的重要组成部分，是由 2 颗卫星组成的双子星。第 1 颗卫星（Sentinel-1A）于 2014 年 4 月 3 日成功发射；第 2 颗卫星（Sentinel-1B）于 2016 年 4 月 25 日发射升空。Sentinel-1B 卫星与 2014 年发射的 Sentinel-1A 卫星采用了相同的设计，基于意大利航天局（Italian Space Agency，ISA）的 PRIMA 平台，运行在高度约 700 km 的太阳同步轨道。

Sentinel-1A 和 Sentinel-1B 的单颗卫星重返周期为 12 d，双星可以缩减到 6 d，可在全天时、全天候条件下获取 5～40 m 分辨率的卫星影像。该卫星在赤道上的重复频率（上升/下降）为 3 d，在北极不到 1 d，预计可以在 1～3 d 内覆盖欧洲、加拿大和其主要航海线。

Sentinel-1 卫星搭载有 C 波段 SAR 传感器，其工作频率为 5.4 GHz，具有多极化成像能力。Sentinel-1 成像系统采用 4 种成像模式，本章所用数据是干涉宽模式（interferometric wide，IW）下的 S1 TOPS-mode SLC 数据，其地面分辨率为 20 m，幅宽为 250 km。该成像模式解决了宽幅合成孔径雷达成像出现的 scalloping 效应，并增强成像辐射性能，使提取的后向散射系数更精确。

为了体现与 Landsat 8 数据时间上的一致性，对于西班牙试验区域，获取 2015 年 1 月 20 日、3 月 9 日、5 月 26 日、7 月 13 日、7 月 31 日和 2016 年 7 月 1 日、7 月 31 日、9 月 17 日、10 月 5 日的 9 幅 Sentinel-1 影像。利用 ENVI5.3 软件中的 SARscape5.2.1 工具对下载的 L1 级数据进行提取与预处理。其中预处理步骤主要包括噪声去除、辐射定标和几何精纠正。

SAR 数据有别于光学数据的一个重要特征就是图像上会存在明显的斑点噪声，其主要表现为图像 DN 值的剧烈变化，即在同一片均匀区域，有的像元呈现亮点，而有的像元呈现暗点。影像上的斑点噪声会降低影像的信噪比并影响影像的可解译性，甚至可能导致地物特征的消失。由于 Refined Lee 滤波可以在有效地消除平坦区域斑点噪声的同时保留图像的边缘信息，因而本书采用 Refined Lee 滤波对图像的噪声进行去除。

SAR 1B 级数据记录的为 DN 值，在试验中需要将其转化为后向散射系数。其定标方程式为

$$\sigma_{ij}^0 = 10\lg\left(\frac{DN_{i,j}^2}{A_\sigma^2}\right) \tag{8.2}$$

式中，i 和 j 分别表示第 i 行和第 j 列；$DN_{i,j}$ 为雷达图像的灰度值；A_σ 为雷达系统自动增益控制系数。为实现 Sentinel-1 SAR 影像和 Landsat 8 影像数据的地理匹配，定标完成后，还需进一步对图像进行几何精校正。

8.1.3 光学与微波数据联合反演植被覆盖地表土壤水分

8.1.3.1 水云模型

Attema（1978）等通过研究农作物覆盖地表植被后向散射特性，提出了一种用来估算作物覆盖地表土壤水分的水云模型。该模型简单描述了植被覆盖地表的后向散射机理，模型中使用很少的参数，但这些参数都具有一定的机理性意义。该模型建立的基础为：①假设植被层是水平均匀的云层；②仅考虑单散射，忽略了植被层与地表面间的多次散射；③模型中仅需要考

虑的变量是植被含水量、土壤含水量和入射角。

水云模型的表达式为

$$\sigma^0 = \sigma_{veg}^0 + T^2 \, \sigma_{soil}^0 \qquad (8.3)$$

$$\sigma_{veg}^0 = A \, m_v \cos\theta (1 - T^2) \qquad (8.4)$$

$$T^2 = \exp(-2B \, m_v \sec\theta) \qquad (8.5)$$

式中，σ^0 为雷达波总的后向散射系数；σ_{veg}^0 为直接植被后向散射系数；σ_{soil}^0 为土壤后向散射系数；m_v 为植被含水量；T^2 为雷达波穿过植被的双层衰减因子；θ 为雷达波入射角；A、B 为拟合系数。

水云模型将植被冠层假设为一个各向均质的散射体，因而将植被覆盖地表总后向散射简单地描述为两个部分，一是由植被冠层直接反射回来的体散射项，二是经植被冠层双次衰减后到达地面的后向散射项。该模型在描述低矮农作物覆盖地表的雷达散射机制时较为简单实用，因此被广泛用作农作物覆盖区土壤水分信息估算的工具。

8.1.3.2　植被含水量模型的构建

在水云模型中，其中一个重要的参数是植被含水量。在植被覆盖地区，土壤背景信息基本上被植被信号掩盖，而光学遥感探测的信号大部分来源于植被信息，因此植物水分状况可从光学传感器探测的植被信号中得到。由光学影像所获得的植被指数是指由多个光谱波段基于一定的构建原则、经线性或非线性组合而成的一种光谱参数，且植被指数形式简单、计算方便，仅利用光谱信号（不需要其他辅助资料）就能有效地实现对植被状态信息的定性、定量表达，在过去 40 年，植被指数被广泛地应用于植被含水量的反演。因此，本书可以利用 Landsat 8 影像提取的植被指数（vegetation indices，VI）反演试验区域的植被含水量。常用于植被含水量反演的植被指数有归一化植被指数（NDVI）、增强型植被指数（EVI）和归一化水分指数（ND-WI），各植被指数的计算公式如下：

$$NDVI = \frac{R_{NIR} - R_{RED}}{R_{NIR} + R_{RED}} \qquad (8.6)$$

$$EVI = 2.5 \times \frac{R_{NIR} - R_{RED}}{R_{NIR} + 6.0 \, R_{RED} - 7.5 \, R_{BLUE} + 1} \qquad (8.7)$$

$$NDWI = \frac{R_{NIR} - R_{SWIR}}{R_{NIR} + R_{SWIR}} \qquad (8.8)$$

式中，R_{NIR} 为近红外波段反射率；R_{RED} 为红光波段反射率；R_{BLUE} 为蓝光波段反射率；R_{SWIR} 为短波红外波段反射率。由于 Landsat-8 OLI 影像有两个短波红外波段：SWIR1（波段范围：1.56～1.66 μm）和 SWIR2（波段范围：2.1～2.3 μm），试验中分别使用这两个短波红外波段建立 NDWI 指数：NDWI1 和 NDWI2，测试它们在土壤湿度反演中的效果。

前人的研究结果表明，植被含水量与植被指数存在着线型、一元二次型和指数型关系。综合考虑植被含水量反演精度和方程的简便性，研究中采用了一元二次型植被含水量模型：

$$m_v = aVI^2 + bVI + c \qquad (8.9)$$

式中，m_v 为植被含水量；VI 为植被指数，包括 NDVI、EVI、NDWI1 和 NDWI2。

8.1.3.3　裸土后向散射系数的模拟

为了更好地描述土壤后向散射系数与土壤湿度以及雷达入射角的关系，利用 AIEM 模型模拟它们之间的关系。AIEM 模型的输入参数包括频率、入射角、均方根高度、相关长度和土壤湿度等,模型的输出参数为土壤后向散射系数。

为了模拟土壤后向散射系数 σ_{soil}^0 与入射角之间的关系,在 AIEM 模型输入参数时只改变入射角的大小,其他参数不变。由于本章使用的 Sentinel-1 SAR 入射角范围为 $29°\sim 45°$,因此模型中输入的入射角取值范围为 $29°\sim 45°$,输入间隔为 $2°$。图 8.2 和图 8.3 分别为模拟的后向散射系数与 $\sin\theta$、$\cos\theta$ 之间的关系。从图 8.2 可以看出,土壤湿度越大,模拟的后向散射系数与 $\sin\theta$ 之间的相关性越高。从图 8.3 可以看出,土壤湿度越小,模拟的后向散射系数与 $\cos\theta$ 之间的相关性越高。

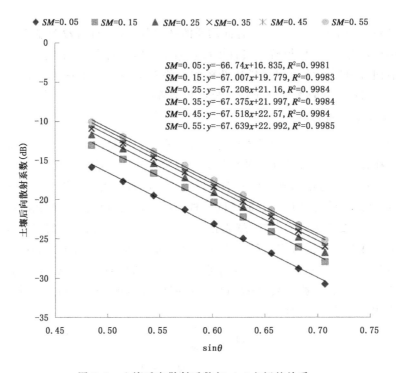

图 8.2　土壤后向散射系数与 $\sin\theta$ 之间的关系

对于西班牙地面实测数据,大部分地面站点观测的土壤体积含水量为 $0\sim 0.3\ \mathrm{cm}^3/\mathrm{cm}^3$,因此,为了更好地反演试验区土壤水分,利用 $\cos\theta$ 来描述土壤后向散射系数 σ_{soil}^0 与入射角之间的关系:

$$\sigma_{soil}^0 = \alpha + \beta\cos\theta \qquad (8.10)$$

为模拟土壤后向散射系数 σ_{soil}^0 与土壤湿度之间的关系,在 AIEM 模型输入参数时只改变土壤湿度的大小,其他参数不变;模型中输入的土壤湿度取值范围为 $0.05\sim 0.5\ \mathrm{cm}^3/\mathrm{cm}^3$,输入间隔为 $0.05\ \mathrm{cm}^3/\mathrm{cm}^3$。从图 8.4 可以看出,土壤后向散射系数与土壤湿度之间存在着非常好的对数关系。同时,从图 8.5 可以看出,土壤后向散射系数与土壤湿度之间也存在着较好的线性关系。

因此,结合以上模拟,可得裸土后向散射系数的表达式为

$$\sigma_{soil}^0 = \alpha + \beta m_s + \gamma f(\theta) \qquad (8.11)$$

对于西班牙研究区域,$f(\theta)$ 为 $\cos\theta$。

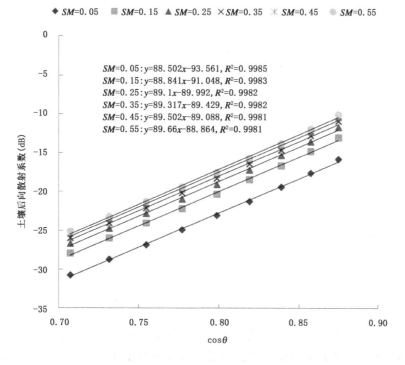

图 8.3　土壤后向散射系数与 $\cos\theta$ 之间的关系

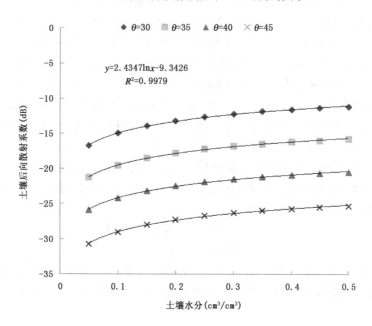

图 8.4　土壤后向散射系数与土壤水分之间的对数关系

8.1.3.4　植被覆盖地表土壤水分反演半经验模型的建立

在原始的水云模型中,有两个重要参数需要解决:土壤后向散射系数和植被含水量。其中土壤后向散射系数可以通过式(8.11)得到;而植被含水量也可以通过式(8.9)的植被含水量模

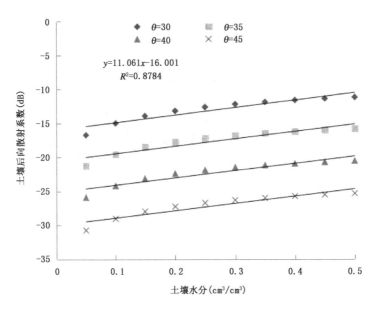

图 8.5　土壤后向散射系数与土壤水分之间的线性关系

型进行表示。最后,将其建立的关系代入水云模型中,对方程进行简化,可以得到基于 Senti-nel-1 SAR 和 Landsat 8 数据的植被覆盖地表土壤水分反演半经验模型。为了获取土壤水分反演半经验模型中的参数,首先,对 Sentinel-1 原始影像进行滤波、辐射定标和几何精纠正处理,获得后向散射系数影像,再根据各试验点的经纬度坐标,提取试验点后向散射系数。然后,对获取的 Landsat 8 OLI 原始影像进行辐射定标、大气校正和几何校正处理,并重采样至 20 m 分辨率,计算地表反射率及植被指数 NDVI、EVI、NDWI1 和 NDWI2;并根据各试验点的经纬度坐标,提取试验点的植被指数。最后,将部分试验点得到的后向散射系数、植被指数与地面观测的土壤水分数据放入已建好的半经验模型并最佳拟合得到各个待定系数,进一步得到土壤水分反演模型;再利用该模型对另一部分试验站点的土壤水分进行反演,结合地面实测土壤水分数据,对模型的土壤水分反演精度进行评价。最后,为了进一步验证模型的适用性,在西班牙的卡斯蒂利亚-莱昂自治区和安徽省滁州市进行区域土壤水分制图。

　　将式(8.9)、(8.11)代入水云模型,并将 $\exp(-2Bm_v\sec\theta)$ 项泰勒近似为 $1-2Bm_v\sec\theta$,最后得到的土壤水分反演半经验模型为

$$m_s = k_1 + k_2 \sigma^0 + k_3 f(\theta) + k_4 VI + k_5 VI^2 + k_6 VI^3 + k_7 VI^4 + k_8 \sigma^0 \sec\theta$$
$$+ k_9 \sigma^0 VI \sec\theta + k_{10} \sigma^0 VI^2 \sec\theta \tag{8.12}$$

式中,m_s 为土壤体积含水量(cm³/cm³);σ^0 为 Sentinel-1 的 VH 或 VV 后向散射系数(dB);VI 为 Landsat 8 的植被指数(NDVI、EVI 和 NDWI);θ 为合成孔径雷达入射角;$k_1 \sim k_{10}$ 为反演方程系数。

　　对于西班牙研究区域,试验中获取了试验区域内的 18 景卫星影像(其中 Sentinel-1 影像 9 景;Landsat 8 影像 9 景),处理后的样本数据共 158 个。将这些样本数据进行随机分组:一组(79 个样本)用于式(8.12),利用麦夸特全局优化算法最佳拟合系数 $k_1 \sim k_{10}$,建立土壤湿度反演模型;另一组(79 个样本)用于模型的验证。试验中使用相关系数与均方根误差检验和评价土壤水分反演模型的精度。

8.1.3.5 结论与评价

基于西班牙试验站点的 Sentinel-1 VH、VV 极化后向散射系数和 Landsat 8 提取的植被指数（NDVI、EVI、NDWI1 和 NDWI2）以及地面实测的土壤体积含水量数据，利用式（8.12）建立的模型对试验站点的土壤体积含水量进行反演，以土壤体积含水量的观测值为标准统计反演结果的精度，模型反演得到的土壤体积含水量与实测含水量之间的相关系数及均方根误差如表 8.1 所示。

表 8.1　VH、VV 极化数据与不同植被指数组合反演的土壤湿度与地面数据之间的关系

相关系数及 均方根误差	NDVI	EVI	NDWI1	NDWI2
VH	$R=0.47$ RMSE$=0.114$	$R=0.321$ RMSE$=0.07$	$R=0.375$ RMSE$=0.066$	$R=0.362$ RMSE$=0.075$
VV	$R=0.778$ RMSE$=0.051$	$R=0.538$ RMSE$=0.066$	$R=0.865$ RMSE$=0.045$	$R=0.761$ RMSE$=0.051$

通过比较 Sentinel-1 VH 和 VV 极化数据的反演结果可知，VV 极化数据反演的土壤湿度精度明显优于 VH 反演的土壤湿度精度。如表 8.1 所示，结合植被指数 NDWI1，VV 极化数据反演的土壤水分与实测值之间的相关系数为 0.865，均方根误差为 0.045 cm³/cm³；而 VH 极化数据反演的土壤水分与实测值之间的相关系数仅为 0.375，均方根误差为 0.066 cm³/cm³。前人研究结果表明：同极化 VV 后向散射模式相较于交叉极化 VH 后向散射模式所含土壤散射信息更丰富，能反映更多的地表信息；而 VH 后向散射模式由于受植被特征影响较大，总散射中包含了更多的植被散射信息。通过以上分析可知，Sentinel-1 的 VV 极化数据更适用于土壤水分的反演。

比较不同植被指数在土壤水分反演的表现可知，NDWI 相较于其他植被指数表现更好。其主要原因是短波红外波段 SWIR 对植被含水量的估算极其重要。而相较于 SWIR2，SWIR1 在土壤水分反演中表现更好。与 Landsat OLI 数据一样，Landsat TM/ETM+数据也有两个短波红外波段，且波段设置几乎接近。Elvidge 等（1985）利用 Landsat TM 数据得到波段 5（SWIR1）和波段 7（SWIR2）都与植被含水量有很好的相关性，但波段 5 与植被含水量有更好的响应。

因此，为了更好地反演试验区域的土壤水分，本书选取 Sentinel-1 VV 极化后向散射系数和 Landsat 8 1.57~1.65 μm 波段的归一化差异水分指数 NDWI 联合估算土壤水分。基于 79 个用于建模的样本数据，利用麦夸特全局优化算法最佳拟合式（8.12）各参数，得到土壤水分反演方程：

$$m_s = 1.84 - 0.04\,\sigma_{VV}^0 - 1.63\cos\theta + 0.89\text{NDWI} + 0.45\,\text{NDWI}^2 + 12.07\text{NDWI}^3$$
$$- 31.21\text{NDWI}^4 + 0.06\,\sigma_{VV}^0\sec\theta + 0.06\,\sigma_{VV}^0\text{NDWI}\sec\theta + 0.01\,\sigma_{VV}^0\,\text{NDWI}^2\sec\theta \quad (8.13)$$

为了评价模型反演精度，开展土壤水分反演验证试验。利用式（8.13），估算 79 个验证样本试验点的土壤水分；以地面实测试验点的土壤水分数据为标准，检验该土壤水分反演模型的精度，并计算反演的土壤水分与观测值之间的相关系数、均方根误差和平均偏差。结果如图 8.6 所示（实线为拟合的趋势线，虚线为 $y=x$ 线），反演的土壤水分均方根误差和平均偏差分别为 0.045 cm³/cm³、0.036 cm³/cm³，反演的土壤体积含水量与实测值之间的相关系数为 0.865，通过了置信度 0.001 水平的显著性检验。

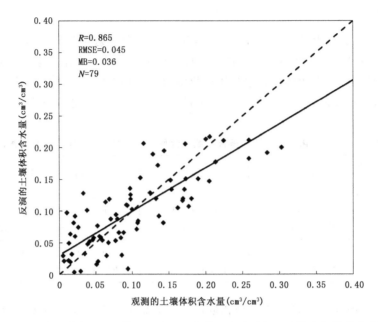

图 8.6　西班牙试验站点模型反演的土壤体积含水量与观测值之间的散点图

　　为进一步验证该半经验模型的适用性,本书选取 2015 年 1 月 20 日西班牙卡斯蒂利亚-莱昂自治区进行土壤水分制图。

　　图 8.7 为西班牙卡斯蒂利亚-莱昂自治区 2015 年 1 月 20 日的土壤水分制图(空间分辨率为 20 m)。其中白色区域为监督分类后裁剪的区域(裸地、水体、城市和森林等),从图 8.7 模型反演的土壤水分分布图可以看出,卡斯蒂利亚-莱昂自治区出现轻微干旱,且在 20 个观测站

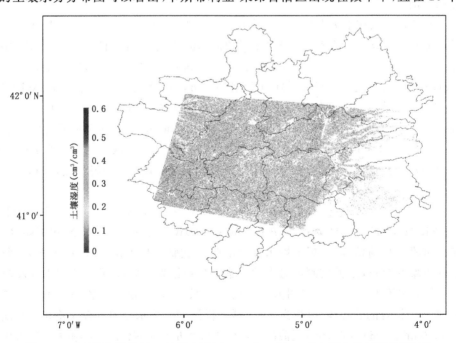

图 8.7　西班牙卡斯蒂利亚-莱昂自治区 2015 年 1 月 20 日土壤水分制图(附彩图)

点附近,模型反演的土壤水分分布在 $0\sim0.3\ cm^3/cm^3$,而试验站点的土壤水分观测值分布在 $0.05\sim0.33\ cm^3/cm^3$,模型反演的土壤水分与观测值之间具有高度的一致性。

8.2　主被动微波遥感联合反演土壤湿度

与光学遥感数据相比,被动微波遥感数据不受天气条件影响,在植被含水量的反演中同样有着极其重要的作用。作为我国新一代的极轨气象卫星,FY-3C 上搭载了微波成像仪(MWRI),其 36.5 GHz 通道对植被层比较敏感,可应用于植被含水量的反演。本节利用 FY-3C/MWRI 数据构建的微波极化差异指数 MPDI 建立植被含水量模型,再结合水云模型,发展了一种主被动微波数据联合反演植被覆盖地表土壤水分半经验模型,实现了中国江淮区域土壤水分的精确反演。

8.2.1　研究区概况及地面数据集

研究区为横跨我国江淮区域的安徽省和江苏省,该试验区域地处($114°54'\sim121°57'$ E, $29°41'\sim35°20'$ N),平均海拔约为 30 m。其中江苏省位于我国东部沿海中心,东邻黄海,东南分别与上海与浙江省相邻,西连安徽省,北靠山东省。江苏省的地形较为平坦,多以平原为主,其平原面积超过 7 万 km^2,占江苏省总土地面积的 70% 以上,比例居中国各省(自治区、直辖市)首位,其主要农作物包括水稻、小麦、玉米、棉花、大豆和油菜等。安徽省地处长江、淮河中下游,长江三角洲腹地,东接江苏和浙江省,西连湖北和河南省,南邻江西省,北靠山东省;安徽省的主要地形类型有平原、丘陵和山地,其北部以种植小麦为主,南部以种植水稻为主,其他农作物还包括油菜、棉花和大豆等。为了验证所建立的模型在区域土壤水分监测中的适用性,选择安徽省滁州市进行土壤水分制图。

试验用于检验土壤水分反演精度的地面实测数据由中国气象科学研究院提供,包含安徽省和江苏省各农业气象观测站和普通气象观测站的土壤水分数据,站点位置如图 8.8 所示,观测深度分别为 10、20、30、40、50、60、80 和 100 cm。本节使用土壤水分数据为 10 cm 深度层的土壤体积含水量,其时间分辨率为 1 h,提取的土壤体积含水量的时间与 Sentinel-1 卫星过境时间相匹配。

8.2.2　卫星数据的获取与处理

8.2.2.1　Sentinel-1 SAR 数据

对于中国试验区域,获取 2016 年 1 月 9 日、1 月 14 日、2 月 26 日、3 月 2 日、4 月 14 日、7 月 24 日、12 月 10 日和 12 月 15 日的 8 幅 Sentinel-1 影像数据。利用 ENVI5.3 软件中的 SARscape5.2.1 工具对下载的 L1 级数据进行提取与预处理。其中预处理步骤主要包括噪声去除、辐射定标和几何精纠正。

8.2.2.2　FY-3C/MWRI 数据

风云三号 03 星(FY-3C)于 2013 年 9 月 23 日 11 时 07 分在太原卫星发射中心成功发射。风云三号卫星是我国第二代极轨气象卫星,目标是实现全球大气和地球物理要素的全天候、多光谱和三维观测。其中风云三号 A 星(FY-3A)和 B 星(FY-3B)为风云三号 01 批实验星,已

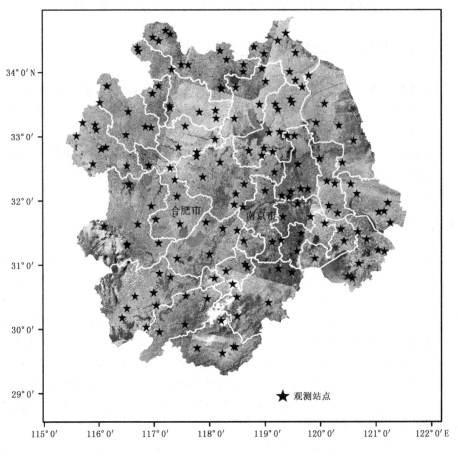

图 8.8　江苏省和安徽省试验站点分布图

分别于 2008 年 5 月 27 日和 2010 年 11 月 5 日在太原卫星发射中心成功发射。在长达 10 年的试验运行和业务服务中,为气象科研学者们提供了大量的全球大气观测数据;其观测数据对于我国乃至全球的气候预测、天气预报以及生态环境和灾害监测起着至关重要的作用。FY-3C 充分继承了 FY-3A 和 FY-3B 的成熟技术,核心遥感仪器技术状态在原有的基础上进一步提升性能。星上搭载了 12 台套遥感仪器,包括红外分光计、可见光红外扫描辐射计、微波湿度计、微波温度计、微波成像仪、中分辨率光谱成像仪、紫外臭氧总量探测仪、紫外臭氧垂直探测仪、地球辐射探测仪、空间环境监测仪器、太阳辐射测量仪和全球导航卫星掩星探测仪。

　　试验中使用的是 FY-3C 上搭载的微波成像仪 MWRI 数据,可在风云卫星遥感数据服务网(http://satellite.nsmc.org.cn)上下载。下载的数据是经过预处理后生成的包含了定标和定位信息的标准 HDF 格式的 LI 级数据,空间分辨率为 10 km,该数据能够用于定量产品的计算和其他科学领域的应用。FY-3C 的微波成像仪 MWRI 设置的五通道分别为 10.65、18.7、23.8、36.5 和 89 GHz,每个通道包括垂直和水平两种极化方式。其中 36.5 GHz 通道对植被层比较敏感,可应用于遥感领域植被生理生态参量(如植被含水量)的反演。

本节所用中国研究区 2016 年与 Sentinel-1 同时期的 MWRI 数据,分别为 1 月 9 日、14 日、2 月 26 日、3 月 2 日、4 月 14 日、7 月 24 日、12 月 10 日和 12 月 15 日。对于下载好的 MWRI 数据,首先利用中国气象局开发的卫星监测分析与遥感应用系统完成 L1 级数据的经纬度信息添加,再利用 ENVI 工具进行重采样并提取亮温值,并进一步得到微波极化差异指数 MPDI。

8.2.3　主被动微波遥感数据联合反演植被覆盖地表土壤水分

8.2.3.1　植被含水量模型的构建

有关植被含水量的研究结果表明,36.5 GHz 附近的微波极化差异指数 MPDI 可以作为植被的指示因子;微波极化差异指数主要由植被的光学厚度 τ 和 μ 决定,而光学厚度 τ 主要受植被含水量的影响。因此本节可以利用 FY-3C/MWRI 数据构建的微波极化差异指数来建立植被含水量模型。MPDI 的计算公式为

$$\mathrm{MPDI} = \frac{Tb_v - Tb_h}{0.5(Tb_v + Tb_h)} \tag{8.14}$$

式中,Tb_v 和 Tb_h 分别为 FY-3C 的微波成像仪 MWRI 36.5 GHz 通道的垂直和水平极化亮温值。

前人的研究结果表明,植被含水量与微波极化差异指数 MPDI 存在着非线性关系。综合考虑方程的简便性,同样使用一元二次型植被含水量模型:

$$m_v = a\mathrm{MPDI}^2 + b\mathrm{MPDI} + c \tag{8.15}$$

8.2.3.2　植被覆盖地表土壤水分反演半经验模型的建立

将式(8.11)、(8.15)代入水云模型,并将 $\exp(-2Bm_v\sec\theta)$ 项泰勒近似为 $1-2Bm_v\sec\theta$,最后得到的土壤水分反演半经验模型为

$$m_s = k_1 + k_2\,\sigma^0 + k_3\sin\theta + k_4\mathrm{MPDI} + k_5\,\mathrm{MPDI}^2 + k_6\mathrm{MPDI}^3 + k_7\,\mathrm{MPDI}^4 + k_8\,\sigma^0\sec\theta$$
$$+ k_9\,\sigma^0\mathrm{MPDI}\sec\theta + k_{10}\,\sigma^0\,\mathrm{MPDI}^2\sec\theta \tag{8.16}$$

式中,m_s 为土壤体积含水量($\mathrm{cm}^3/\mathrm{cm}^3$);$\sigma^0$ 为 Sentinel-1 的 VH 或 VV 后向散射系数(dB);MPDI 为 FY-3C/MWRI 36.5 GHz 通道的微波极化差异指数;θ 为合成孔径雷达入射角;$k_1 \sim k_{10}$ 为反演方程系数。

将江淮区域的 177 个样本数据进行随机分组:一组(89 个样本)用于式(8.16),利用麦夸特全局优化算法最佳拟合系数 $k_1 \sim k_{10}$,建立土壤水分反演半经验模型;另一组(88 个样本)用于模型的验证。试验中使用相关系数与均方根误差检验及评价该土壤水分反演半经验模型的精度。

8.2.3.3　结论与评价

基于试验区域的 Sentinel-1 VH、VV 极化后向散射系数和 FY-3C/MWRI 的微波极化差异指数 MPDI 以及地面实测的土壤体积含水量数据,利用式(8.16)建立的模型对试验站点的土壤水分进行反演,以土壤水分的观测值为标准统计反演结果的精度,模型反演得到的土壤体积含水量与实测土壤体积含水量之间的相关系数及均方根误差如表 8.2 所示。

表 8.2　VH、VV 极化数据与 MPDI 组合反演的土壤湿度与实测值之间的关系

相关系数及均方根误差	VH	VV
MPDI	$R=0.398$ RMSE$=0.051$	$R=0.563$ RMSE$=0.046$

通过比较 Sentinel-1 VH 和 VV 极化数据的反演结果可知,VV 极化数据反演的土壤水分精度明显高于 VH 反演的土壤水分精度,说明同极化 VV 后向散射系数对土壤水分的差异更为敏感。因此,为了更好地反演试验区域的土壤水分,选取 Sentinel-1 VV 极化后向散射系数和微波极化差异指数 MPDI 联合估算土壤水分。基于中国区域 89 个用于建模的站点数据,利用麦夸特全局优化算法最佳拟合式(8.16)各参数,得到土壤水分反演方程:

$$m_s = 0.09 - 0.05\,\sigma_{VV}^0 + 0.83\sin\theta - 6.53\text{MPDI} + 102.1\,\text{MPDI}^2 - 813.93\text{MPDI}^3$$
$$+ 2847.75\text{MPDI}^4 + 0.06\,\sigma_{VV}^0\sec\theta - 0.39\,\sigma^0\text{MPDIsec}\theta + 2.73\,\sigma_{VV}^0\,\text{MPDI}^2\sec\theta \quad (8.17)$$

为了评价模型反演精度,开展土壤水分反演验证试验。利用式(8.17)所示的半经验模型,估算 88 个验证样本试验点的土壤水分;并以地面实测的土壤水分数据为标准,检验土壤水分反演半经验模型精度,计算反演结果的均方根误差和相关系数。图 8.9 是式(8.17)估算的土壤体积含水量与地面观测值之间的散点图,从图 8.9 可以看出,模型反演的土壤体积含水量均方根误差及平均偏差分别为 0.046 cm³/cm³、0.037 cm³/cm³,反演的土壤体积含水量与实测值之间的相关系数为 0.563,通过了置信度 0.001 水平的显著性检验。

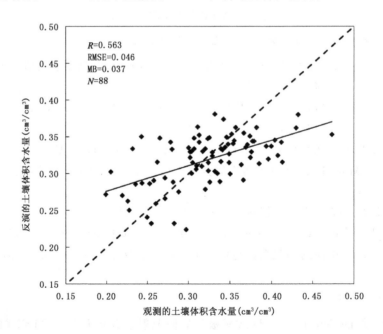

图 8.9　模型反演的土壤体积含水量与观测值之间的散点图

本节为进一步验证模型的适用性,基于 2016 年 7 月 24 日 Sentinel-1 SAR、FY-3C/MWRI 的微波极化差异指数 MPDI 以及入射角数据,利用式(8.17)对安徽省滁州市地表土壤水分进行反演。图 8.10 为反演的滁州市 1 km 分辨率土壤水分分布图,其中白色区域为监督分类后裁剪的区域(裸地、水体、城市和森林等),从图 8.10 可以看出,反演的土壤水分分布具有很好

的空间连续性。反演的土壤体积含水量大部分为 $0.15\sim0.5$ cm³/cm³,只有极少数地方(红色区域)出现干旱情况,说明该土壤墒情有利于农作物的生长。

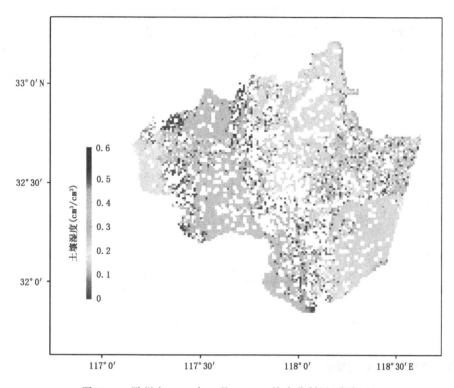

图 8.10　滁州市 2016 年 7 月 24 日土壤水分制图(附彩图)

8.3　BP 神经网络在土壤湿度反演中的应用

　　目前,微波遥感法监测土壤含水量研究主要利用雷达极化数据,基于理论模型(如 AIEM、MIMICS 模型)和半经验模型(如水云模型)来构建土壤湿度反演模型。随着人工智能的发展,人工神经网络模型(ANN,artificial neural network)在资料反演、预报建模方面的应用愈加广泛,而 BP 神经网络(back propagation)在众多神经网络模型算法中得到的应用与研究最多。BP 神经网络可以看成一个非线性函数,土壤水分是一个复杂的非线性耦合系统,受环境、地形、地质等因素影响较大,只有充分考虑各个要素,才能得到更准确的反演结果。从这一方面考虑,BP 神经网络是行之有效的土壤湿度反演模型。本章研究中利用 BP 神经网络,基于雷达后向散射系数、雷达入射角、MPDI 和坡度数据,建立土壤湿度反演模型,并用地面实测土壤湿度数据,检验模型反演结果,评价模型反演精度。

8.3.1　研究区概况及地面数据集

　　研究区位于西藏自治区北部的那曲地区($91°12'\sim93°02'$E,$30°31'\sim31°55'$N),那曲是西藏自治区下辖地级市,平均海拔 4500 m 以上。那曲市属高原亚寒带气候区,气候干燥,多大风天气,年降水量 400 mm 左右。一年中 5—9 月相对温暖,是草原的黄金季节,地表覆盖以高原草甸为主。全年没有绝对无霜期,每年10月至次年5月为风雪期和土壤冻结期,在此期间大部分地区都被雪和冻土覆盖,土壤水分含量低(0.15 cm³/cm³以下),实测数据可能存在不准确性,所以该时间段内的数据不适宜参与土壤水分反演。

本节中参与建模和评估土壤湿度反演精度的地面实测土壤水分数据来自青藏高原所在那曲地区的土壤水分观测网,该观测网中可用站点有57个,共有4个观测深度的土壤水分数据,分别为0~5、0~10、0~20 、0~40 cm。本节选取0~10 cm的土壤水分含量日平均观测数据,选择的数据时间为2015年5—9月、2016年5—9月,那曲地区在西藏自治区的位置及土壤水分监测网站点分布情况如图8.11所示。

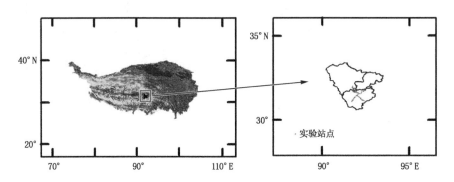

图8.11 那曲地区土壤水分监测网站点分布情况

8.3.2 卫星数据的获取与处理

8.3.2.1 Sentinel-1 SAR 数据

对于那曲试验区域,获取2015年5月7日、5月31日、6月24日、7月18日、8月11日和2016年5月1日、5月25日、8月5日、8月29日的9幅Sentinel-1影像数据。利用ENVI5.3软件中的SARscape5.2.1工具对原始Sentinel-1影像进行数据预处理,主要包括滤波处理、地理编码、辐射定标、重采样等处理,最终得到分辨率为0.01°的后向散射系数和入射角数据。

8.3.2.2 AMSR2 数据

AMSR2 微波传感器是AMSR-E的后续,该传感器搭载于GCOM-W1卫星,于2012年5月成功发射,其发射的主要目的是监测全球水分及能量循环。AMSR2传感器共有7频率14通道,与AMSR-E传感器相比,增加了7.3 GHz的两个通道,目的是减少C波段无线电射频干扰,从而得到更可靠的土壤湿度产品。本节选取与主动SAR数据对应时间的36.5 GHz LIR级亮温数据,数据格式为HDF5,空间分辨率为0.1°。AMSR2产品相关参数如表8.3所示,该数据来源于JAXA的GCOM-W1数据服务中心(https://gcom-w1.Jaxa.jp/auth.html)。

为提取MPDI参数,对AMSR2亮温数据进行几何校正、辐射定标、区域裁剪、波段运算、重采样等处理,将亮温数据的分辨率重采样为0.01°,与Sentinel-1数据的分辨率相对应。

8.3.2.3 地形数据的获取

为评价地形对土壤湿度反演影响,实验中使用了坡度地形因子。坡度因子由数字地形高程模型 DEM(digital elevation model)计算得来。研究中使用的 DEM 数据产品来自于地理空间数据云,该数据的原始空间分辨率为 90 m。为计算坡度因子,首先对 DEM 数据进行拼接、转换投影、重采样等处理,使其与微波数据的投影与分辨率一致;然后,利用坡度计算公式计算坡度,并根据地面站点经纬度进行信息提取。那曲地区坡度数据图像如图 8.12 所示。

表 8.3　AMSR2 传感器参数设置情况说明

中心频率(GHz)	轨道高度(km)	观测角度	分辨率(°)	极化方式
6.9				
7.3				
10.65				
18.7	699.6	55°	0.1/0.25	H,V
23.8				
36.5				
89.0				

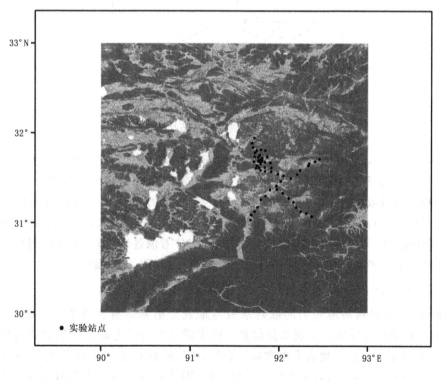

图 8.12　那曲地区坡度数据图像

8.3.3　反演模型与结果

8.3.3.1　BP 神经网络模型

本节使用人工神经网络构建土壤湿度反演模型。人工神经网络(artificial neural network,ANN)是在现代神经学研究的基础上,通过模拟人类大脑神经网络处理信息的方法对各种数据进行处理的系统。它从信息处理角度对人脑神经元网络进行抽象,建立某种简单模型,按不同的连接方式组成不同的网络。20 世纪 80 年代,物理学家 Hopfield 提出了 Hopfield 神经网络模型,开创了神经网络用于联想记忆和优化计算的新途径,有力地推动了神经网络的研究。迄今为止,人工神经网络模型已有上百种,学习算法不断更新,但是应用研究较多的只有十几种,且根据连接的拓扑结构,神经网络模型可以分为两种:多层前馈神经网络和动态递归网络。其中,BP(back propagation)神经网络作为一种多层前馈神经网络应用最为广泛。

　　BP 神经网络是多层前馈神经网络的经典,是 1986 年由 Rumelhart 和 McClelland 为首的科学家提出的概念。该网络的主要特点是信号前向传递,误差反向传播。它的基本原理是:在前向传递中,输入信号从输入层经隐含层逐层处理,直至输出层。每一层的神经元状态值影响下一层神经元状态。如果输出层得不到期望输出,则转入反向传播,根据预测误差调整网络权值和阈值,从而使 BP 神经网络预测输出不断逼近期望输出。BP 神经网络的拓扑结构如图 8.13 所示。

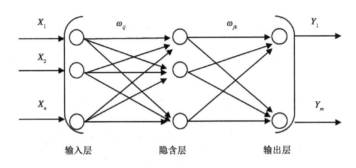

图 8.13　BP 人工神经网络拓扑结构图

　　图中,X_1, X_2, …, X_n 是 BP 神经网络的输入向量,Y_1, …, Y_m 是 BP 神经网络的输出向量,ω_{ij} 和 ω_{jk} 是 BP 神经网络权值。BP 神经网络可以看成一个非线性函数,网络输入向量和输出向量分别为该函数的自变量和因变量。当输入节点数为 n、输出节点数为 m 时,BP 神经网络就表达了从 n 个自变量到 m 个因变量的函数映射关系。土壤水分是一个复杂的非线性耦合系统,受环境、地形、地质等因素影响较大,只有充分考虑各个要素,才能得到更准确的反演结果。从这一方面考虑,BP 神经网络是行之有效的土壤湿度反演模型。

8.3.3.2　BP 神经网络不同输入参数方案

　　研究证明,SAR 得到的地表后向散射系数与地表介电常数有直接关系,从而可以利用 SAR 的后向散射系数反演地表土壤水分信息。由于雷达发射的电磁波与地表的相互作用较复杂,雷达后向散射系数除受地表介电常数影响外,还与植被覆盖、地表粗糙度、雷达入射角等多种因素有关。由于那曲地区地表空间一致性较好,因此本节忽略地表粗糙度对雷达后向散射系数的影响。在地表条件不变的情况下,雷达后向散射系数又与雷达的入射角有关。综合考虑各种因素,本节设计了三种 BP 人工神经网络构建方案。

　　方案一:首先对获取的 Sentinel-1 数据进行预处理,提取雷达后向散射系数和雷达入射角。在 BP 神经网络中,将雷达后向散射系数、雷达入射角作为输入变量(输入变量个数为 2),那曲地区土壤水分站点实测数据作为输出变量,训练网络模型,反演土壤湿度。

　　方案二:对获取的 AMSR2 亮温数据进行预处理,计算并提取表达植被覆盖情况的 MPDI 参数。在 BP 神经网络中,将雷达后向散射系数、雷达入射角、MPDI 作为输入变量(输入变量个数为 3),那曲地区土壤水分观测站实测数据作为输出变量,训练网络模型,反演土壤湿度。

　　方案三:针对那曲地区特殊的地理位置和各地面站点之间高程及坡度差异较大的特点(图 8.14),在输入变量中增加了表达地形因素的坡度因子。在 BP 人工神经网络中,将雷达后向散射系数、雷达入射角、MPDI、坡度作为输入变量(输入变量个数为 4),那曲站点土壤水分实测数据作为输出变量,训练网络模型,反演土壤湿度。不同方案的参数设置情况如表 8.4 所示,基于 Sentinel-1 和 AMSR2 数据反演土壤湿度的技术路线如图 8.15 所示。

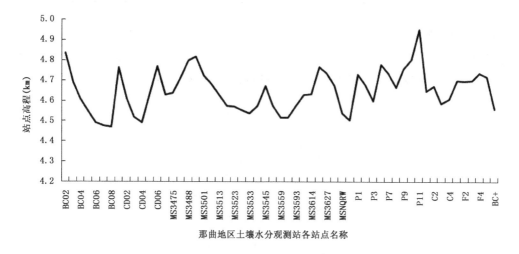

图 8.14　那曲地区土壤水分观测各站点的高程变化

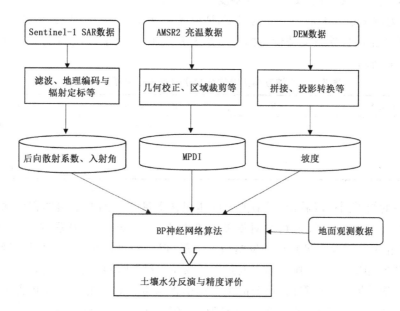

图 8.15　基于 Sentinel-1 SAR 和 AMSR2 数据的土壤湿度反演技术路线图

　　研究中,共提取那曲地区数据的样本数为 428,方案一与方案二的 BP 神经网络基本设定为:训练样本 400,测试样本 28,传输函数采用正切 S 型传递函数 tansig,最大迭代次数 1000,目标 0.00005。

表 8.4　BP 神经网络中不同方案的参数设置情况

	方案一	方案二	方案三
输入变量	雷达后向散射系数、入射角	雷达后向散射系数、入射角、MPDI	雷达后向散射系数、入射角、MPDI、坡度
输出变量	土壤体积含水量	土壤体积含水量	土壤体积含水量

8.3.3.3　反演结果与分析

本节使用相关系数（R）、均方根误差（RMSE）、平均绝对误差（MAE）三个指标，评价 BP 人工神经网络土壤湿度反演模型精度。三种指标具体计算方法如下：

$$R = \frac{\sum_{i=1}^{N}(X_i - \overline{X})(Y_i - \overline{Y})}{\sqrt{\sum_{i=1}^{N}(X_i - \overline{X})^2}\sqrt{\sum_{i=1}^{N}(Y_i - \overline{Y})^2}} \tag{8.18}$$

$$\text{RMSE} = \sqrt{\frac{\sum_{i=1}^{N}(Y_i - X_i)^2}{N}} \tag{8.19}$$

$$\text{MAE} = \frac{1}{N}\sum_{i=1}^{N}|Y_i - X_i| \tag{8.20}$$

式中，X_i 为土壤湿度反演值；Y_i 为土壤湿度观测值；$\overline{X}$ 和 $\overline{Y}$ 分别为土壤湿度反演值和观测值的平均值；N 为测试集样本量。一般情况下，R 值越大，RMSE 值和 MAE 值越小，说明反演效果越好。三种方案的各项精度评价指标总结如表 8.5 所示，反演和实测土壤湿度散点图如图 8.16 至图 8.18 所示。

表 8.5　三种方案土壤体积含水量反演结果精度评价表

不同输入设置方案	R	RMSE(cm³/cm³)	MAE(cm³/cm³)
方案一	0.5914	0.0654	0.0045
方案二	0.6696	0.0582	0.0064
方案三	0.7670	0.0446	0.0009

从方案一的结果图可以看出，反演的土壤体积含水量与观测的土壤体积含水量之间的均方根误差为 0.065 cm³/cm³、平均绝对误差为 0.0045 cm³/cm³，相关系数为 0.5914，达到了 0.001 水平的相关性检验。虽然模型反演精度一般，但已经可以说明在 BP 神经网络中，将雷达后向散射系数、雷达入射角作为输入变量训练模型、反演土壤湿度是可行的。

从方案二的结果图可以看出，反演的土壤体积含水量与观测的土壤体积含水量之间的均方根误差为 0.058 cm³/cm³、平均绝对误差为 0.0064 cm³/cm³，相关系数为 0.6696，达到了 0.001 水平的相关性检验。与方案一的结果相比，反演的土壤体积含水量与观测的土壤体积含水量之间的均方根误差有所降低，相关系数有所提高，虽然平均绝对误差略有增加，但方案二结果的总体精度较方案一有一定改进，说明加入 MPDI 参数能削弱植被影响，提高土壤湿度反演精度。

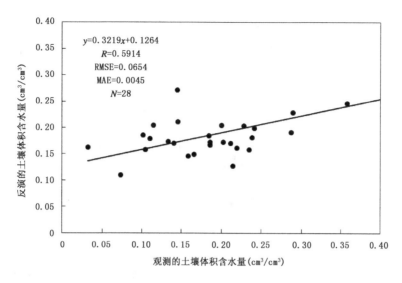

图 8.16　基于方案一(输入变量为 2)反演的土壤体积含水量与观测土壤体积含水量散点图

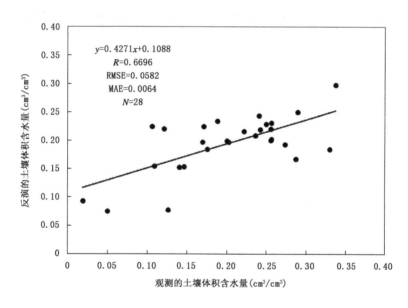

图 8.17　基于方案二(输入变量为 3)反演的土壤体积含水量与观测土壤体积含水量散点图

　　对比方案二,本节在方案三中将坡度这一地形因子加入输入变量中训练模型,得到反演的土壤体积含水量与观测的土壤体积含水量对比结果中,均方根误差为 0.045 cm³/cm³、平均绝对误差为 0.0009 cm³/cm³,相关系数为 0.7670,达到了 0.001 水平的相关性检验。可以看出方案三的各项精度指标均比方案二的更高,说明对于占据特殊地理位置的那曲地区,在 BP 神经网络中加入表达地形要素的坡度因子可以更好地训练网络,得到更高精度的反演结果。这说明地理及地形因素造成的地表下垫面差异,对于土壤湿度反演具有重要影响。

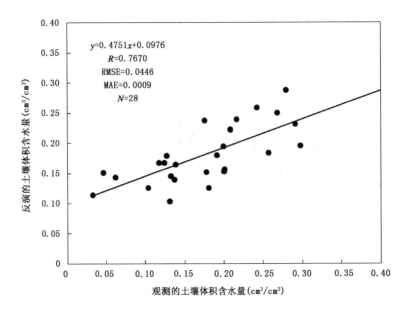

图 8.18　基于方案三(输入变量为 4)反演的土壤体积含水量与观测土壤体积含水量散点图

第9章 基于陆面模式的土壤水分模拟方法与应用

9.1 概述

对于地面观测而言,无论是人工还是自动观测的土壤湿度,其特点是观测精度较高,但缺点是单点观测,空间代表性差,无法研究空间分布特征。卫星低频微波通道具有探测陆面土壤湿度的能力,其优点是观测数据的空间覆盖性强,缺点是只能探测表层的土壤湿度状况,而像农业干旱监测应用需要针对不同植物获取不同深度(根层)的土壤湿度状况,并且卫星反演土壤湿度受模型误差、辅助数据误差、反演算法以及电磁干扰等因素的影响,产品精度有待提高。因此目前地面观测和卫星遥感土壤湿度,还不能满足干旱监测、短期气候预测等方面的应用。陆面模式经过不同的发展阶段,可获取高时空分辨率、多层次不同深度的土壤湿度格点化资料,可以方便干旱监测、短期气候预测等应用,但缺点是无法反映灌溉等人为因素对土壤湿度的影响,而且模拟精度受大气驱动数据、地表土壤参数等输入数据的影响较大。因此,利用陆面数据同化方法,综合利用多种来源土壤湿度资料,对各种资料取长补短,是获取高质量时空连续土壤湿度数据的必然途径。

近年来国内外在陆面数据同化方法研究和系统建设方面开展了很多工作(李昊睿,2007;李新 等,2007;师春香 等,2011)。中国科学院西北生态环境资源研究院和兰州大学合作发展了中国西部地区陆面数据同化系统(黄春林 等,2004),可同化微波亮温和地表温度,该系统空间分辨率高,以流域水文研究为主要应用出口;师春香等(2011)建立了中国区域陆面土壤湿度数据同化系统 CLSMDAS(China land soil moisture data assimilation system),采用 ensemble kalman filter(EnKF)同化方法实现了卫星微波亮温资料的直接同化;在陆面同化方法改进和参数率定等方面也取得了很好的成果(田向军 等,2008;阳坤 等,2007;张生雷 等,2006),同时,陆面数据同化在短期气候预测、气候异常分析等方面也有较多的探索(马明国等,2017;杨涛 等,2011;张秀英 等,2010)。但是,目前国内这些成果还没有实现业务运行。国际上比较有代表性的陆面数据同化系统则主要包括:美国 GLDAS(global land data assimilation system)(Wang et al. ,2014)、NLDAS(north-American land data assimilation system)(Xia et al. ,2012)、欧洲 ECMWF LDAS(ECMWF land data assimilation system)、加拿大 CaLDAS(Canadian land data assimilation system)、美国 NASA LIS(NASA land information system)等。

目前,国际上陆面数据同化产品主要包括陆面大气驱动场(如气温、气压、湿度、风速、降水、辐射)和陆面要素融合分析(如土壤湿度、土壤温度、地表温度、地表热通量、径流、积雪等)两大类产品。

国际主流的大气驱动场数据主要包括 Sheffield 大气驱动数据场、Qian 大气驱动数据和

GLDAS 大气驱动场数据等,如表 9.1 所示,其研制技术主要采用数值模式预报、卫星资料反演、多源数据融合等。三种陆面大气驱动场覆盖区域均为全球,每 3 h 更新一次,但空间分辨率各有不同;各驱动场数据均已经开展历史数据回算,其中 Sheffield 大气驱动数据场、Qian 大气驱动数据已经回算到 1948 年,具有较长的时间序列,适宜开展长时间的陆面模拟分析和气候评估研究等工作。

表 9.1 国外主流陆面气象驱动数据集

国家	机构	产品名称	主要技术	产品要素	空间覆盖	起始时间	时空分辨率
美国	美国普林斯顿大学	Sheffield 大气驱动数据	采用双线性插值;日降水量统计校正;空间降尺度;时间降尺度;月尺度偏差去除	气温、气压、湿度、风速、降水、短波辐射、长波辐射	全球	1948—2010 年	3 h;1°
美国	美国 NCAR	Qian 大气驱动数据	降水和地表气温:用月尺度的站点观测数据进行虚假的长期变化和偏差校正;辐射:云量异常值变化趋势、偏差校正;湿度:利用地面气温和再分析相对湿度进行校正;气压和风速:再分析数据进行时空插值	气温、气压、湿度、风速、降水、辐射	全球	1948—2004 年	3 h;1.875°
美国	美国 NOAA	GLDAS	NCEP/GDAS(global data assimilation system)全球大气数据同化业务系统输出	降水、短波辐射、长波辐射、比湿、U/V 风、气压	全球	2000 年至今	3 h;0.25°、0.5°、1.0°、2.0°×2.5°

国外陆面要素数据融合分析产品主要来自各业务和科研单位构建的陆面数据同化系统,如欧洲 ELDAS(European land data assimilation system)、美国 GLDAS(Rodell et al.,2004)、NLDAS(Xia et al.,2012)、HRLDAS(high-resolution land data assimilation system)(Chen et al.,2007)、韩国气象局 KLDAS(Korea land data assimilation system)(Kim,2010)、东京大学陆面数据同化系统(LDAS-UT)(Lu et al.,2007)。多数陆面数据同化系统尚未真正同化陆面状态变量,仍然局限于提高陆面模式驱动数据,例如 GLDAS 和 NLDAS 致力于完善反照率、土地覆盖/土地利用类型、植被绿度和叶面积指数等。也有部分系统开展了同化研究及业务应用,如 ELDAS 采用 OI 和扩展卡尔曼滤波(extended kalman filter,EKF)同化方法,可同时同化 2M 温度和湿度以及微波亮温资料;LDAS-UT 可同化 AMSR-E 亮温估计土壤水分和能量平衡。总体来看,尽管陆面数据同化是当前的一个研究热点,但在业务天气预报模式中的应用仍处于初步阶段。

美国 NOAA/NCEP 准业务运行的 NLDAS 系统虽然没有真正同化陆面状态变量,但是已在美国干旱监测等领域发挥了重要的作用。NLDAS 下一阶段的目标是引入最新版本的 LIS(land information system)系统(可灵活使用的陆面同化系统,包含了 EnKF 算法、多陆面模式集合预报的土壤湿度/积雪/温度等),真正实现业务化的陆面模式的同化,陆面要素产品的空间分辨率将达到 3.125 km。美国 NCAR 也已开展了 4 km 尺度的高分辨率陆面数据同化(HRLDAS)研究,通过同化观测数据,使陆面模式为 WRF 提供高质量、高时空分辨率的状态变量。

我国陆面数据融合研究起步相对较晚,但发展较快。表 9.2 给出了中国主要陆面数据产品。其中,国家气象信息中心研发的 CMA 陆面数据同化系统第一版本(CMA land data assimilation system)(CLDAS-V1.0)于 2013 年率先在中国实现了国家级陆面要素产品的业务化生产和发布,重点解决了东亚(尤其是中国)区域陆面大气驱动场的多源融合技术难题。引进和改进美国 NOAA/ESRL(earth system research laboratory)的多重网格变分(STMAS)分析,改进国家卫星气象中心业务算法,基于离散坐标法物理模型的短波辐射遥感反演(刘军建等, 2017;师春香 等, 2018),采用基于"PDF+OI"的融合降水,发展基于 CLM3.5、CoLM、Noah-MP(4 套参数化方案)多陆面模式集合模拟技术,于 2015 年研制了 CLDAS-V2.0,实时发布亚洲区域逐小时和逐日/0.0625°的大气驱动场和陆面要素集合分析产品。同时,在 CLDAS-V2.0 关键技术研发基础上,高分辨率 CMA 陆面数据同化系统第一版本(HRCLDAS-V1.0)投入试运行,产品分辨率提高至 1 km。与国内外同类产品比较分析结果表明,CLDAS 系列大气驱动场产品、陆面要素融合分析产品在中国区域的时空分辨率和质量更高(韩帅 等, 2017)。2017 年年底,国家气象信息中心研制完成了 CLDAS-V3.0 原型系统,实现了我国 FY-3C 卫星反演土壤湿度资料同化、地表温度同化以及地表温度与微波亮温资料协同同化,同时积雪资料同化也取得较好的研究进展。

表 9.2　中国主要陆面数据融合产品

机构	产品名称	主要技术	产品要素	空间覆盖	起止时间	时空分辨率
国家气象信息中心	CLDAS 陆面数据同化产品	多重网格变分;空间格点拼接、离散纵坐标短波辐射遥感反演;CLM、Noah-MP、CoLM 多陆面模式集合模拟	气温、气压、湿度、风速、降水、短波辐射、土壤湿度、土壤温度、地表温度、土壤相对湿度	亚洲	2008 年至今	1 h; 0.0625°
国家气象信息中心	HRCLDAS 高分辨率陆面数据同化产品	多重网格变分;离散纵坐标短波辐射遥感反演;CLM 陆面模式模拟	气温、气压、湿度、U/V 风、风速、降水、短波辐射、土壤湿度、土壤温度、地表温度、土壤相对湿度	中国	2015 年至今	1 h;0.01°
中国科学院寒区旱区环境与工程研究所	中国西部陆面数据同化产品	陆面模式模拟	土壤水分、土壤温度、积雪、冻土	中国西部	2002 年至今	3 h; 0.25°
中国科学院青藏高原研究所	中国区域地面气象要素驱动数据集	双线性空间插值;播版样条插值;Hybrid Model 辐射估算	气温、气压、湿度、风速、降水、太阳辐射	中国	1981—2008 年	3 h;0.1°

9.2　CLDAS陆面模式

9.2.1　陆面模式输入数据集

9.2.1.1　气温、气压、相对湿度、风速数据

CLDAS大气驱动数据的制作是利用多重网格变分（STMAS-Space and time multiscale analysis system）（Xie et al.，2011）融合与同化技术。该系统是一个多源数据的综合分析系统，主要包括5大功能模块，且必须按照风分析、地面分析、温度分析、云分析、水汽分析的顺序依次分析。

采用STMAS方法在进行融合时具有的优点是，以往对同化结果有很大影响的背景误差协方差矩阵 **B** 通常使用高斯型的函数来描述，但是相关尺度可能因区域而有所不同，而且相关尺度很难被较好地估计，当测站的分布非常不均匀时，不准确的相关尺度会在观测点稀疏的地区造成较大的分析误差，而STMAS采用多重网格变分的思想，从粗网格开始计算，逐渐细化，尽可能将观测数据所能影响的区域调整到最佳。

9.2.1.2　降水数据

中国区域逐小时格点降水量融合产品包括全国自动站观测降水量和FY-2E反演产品融合的实时产品（1 h滞后），以及全国自动站观测降水量和CMORPH卫星融合产品融合的近实时产品（2 d滞后），融合方法采用PDF（probability density function）（潘旸 等，2012）和OI（optimal interpolation）两步融合方法，产品分辨率为0.1°×0.1°。沈艳等（2013）对其进行了评估，发现融合了自动站的CMORPH降水产品有效集成了地面观测和卫星反演降水各自的优势，在降水量值和空间分布上都更为合理。

9.2.1.3　短波辐射数据

地面入射太阳辐射反演算法采用离散纵标法进行辐射传输计算，这种算法可以计算任意方向的辐亮度，因而能够考虑大气层顶反射太阳辐射的各向异性，即先计算出大气层顶卫星观测方向的反射太阳辐射辐亮度，然后换算为卫星可见光通道观测的可见光双向反照率。Jia等（2013）将2005年7月至2009年12月的FY-2C地面入射太阳辐射与15个地面观测站点的地面入射太阳辐射进行了对比，结果表明FY-2C太阳辐射产品与地面观测具有很好的一致性。同时也与国外的几种辐射产品（ERA-Interim，NCEP-DOE，FLASHFlux）进行了比较，发现FY2卫星地面入射太阳辐射反演产品精度与国外同类产品精度相当，而且FY2产品具有更高的时空分辨率，并可以实时获取。

9.2.2　陆面模型简介

9.2.2.1　CLM3.5模式

通用陆面模式CLM（community land model）是在对气候、植被生态及流域水文学数值模拟做了大量细致工作的基础上发展起来的，它集中了国际上已有陆面模式，如BATS、LSM和IAP94等模式的优点，是目前较为完善的陆面过程模型之一。

CLM模型每个栅格由5种主要的子网格（sub-grid）构成，分别是冰川、湖泊、湿地、城市和

植被,在栅格的植被类型子网格中,根据植被类型特征,又进一步分为不同的植被功能型小块(patch),每小块都有自己的茎叶面积指数和冠层高度,每一种子网格类型和植被功能型覆盖小块都是一个独立的单点能量和水计算体系。在每一个片上都要保持能量和水分守恒,并且每一个片上都有其自己的诊断变量。而格点中每一个片从与这个格点相对应的大气格点上获取平均状态的大气强迫,然后格点内这些小片又对该格点按面积比例贡献其水分通量与热通量,格点内各片之间没有直接的相互作用。

9.2.2.2　Noah-MP 陆面模式

Noah-MP(the community Noah land surface model with multiple parameterization options)陆面模式是 CLDAS2.0 系统添加的主要陆面模式,也是美国新一代的陆面模式。目前 Noah-MP 陆面模式已广泛应用于陆面过程模拟研究。一些学者利用 Noah-MP 陆面模式对全球 50 个主要流域的水文状况进行了模拟,结果表明 Noah-MP 陆面模式能较好地模拟出地表温度、土壤湿度等重要的陆表变量;利用北美陆面数据同化系统 NLDAS 平台测试了四个陆面模式(Noah、Noah-MP、CLM 以及 VIC)在水文上的表现,结果表明相对于其他三个陆面模式,Noah-MP 陆面模式在模拟土壤湿度以及陆地水储量上表现得最好。

9.2.3　陆面同化过程

CLDAS 系统中已实现同化 FY-3C 反演土壤湿度产品、FY-3B 积雪产品以及 FY-3C 微波亮温等。在 FY-3C 土壤湿度产品同化研究中,使用 Noah-MP 陆面模式模拟与使用集合卡尔曼滤波同化后的土壤湿度都能够合理地反映出中国区域土壤湿度分布,并且同化 FY-3C 土壤湿度产品后能够改善土壤湿度的模拟情况;利用集合卡尔曼滤波和直接插入法同化 FY-3B 的积雪覆盖率,结果显示同化积雪覆盖率对于积雪模拟具有明显的改善作用;利用集合卡尔曼滤波将 FY-3C 地表温度产品和微波亮温资料协同同化到 Noah-MP 陆面模式中,结果显示可以有效地提高土壤湿度和土壤温度情况。

9.3　陆面模式土壤水分质量评估

本节对中国气象局建设并业务运行的 CMA 陆面数据同化系统生成的土壤湿度产品,在参考 NLDAS 土壤湿度格点产品评估方法的基础上,针对中国区域的特点,进行了不同省份、代表站点以及青藏高原特殊地形、不同气候区域的评估。

9.3.1　不同省份

由于土壤湿度地面站点观测数据与陆面模式模拟产品代表的空间尺度不一致,直接将模拟结果插值到观测站点上进行评估不太准确,而分区域将观测土壤湿度和模式结果进行区域平均后评估,可以在一定程度上降低空间尺度差异对评估结果的影响。鉴于各省自动土壤湿度观测仪的型号、定标系数等情况存在差异,决定采用分省评估方案,在每个省对土壤湿度区域平均值进行比较分析。这样,不仅考虑了各省份所在区域位置属于同一个气候态及参数化方案带来的影响,而且也在客观上考虑到仪器的校准安置等因素。考虑到土壤中存在固态水(冰)对观测仪器性能的影响,评估时尽量剔除冬天的数据,仅利用了 2013 年 100~300 d 的观测数据。

　　表 9.3 利用 2013 年建立的且业务化运行的全国土壤湿度自动站小时观测数据对模式结果进行的分省份评估,可以看出,在相关系数计算当中,绝大部分省份的相关系数都达到了 0.8 以上,能够较好地反映出土壤湿度客观的变化规律,有很强的指导作用。24 个省份的相关系数达到 0.8 以上,其中河北、湖南、陕西、山西、天津、云南等省份的相关系数都在 0.9 以上;黑龙江、吉林等省份相关系数较低,主要原因可能是因为这些地区冬季较长,土壤冰覆盖时间较长,观测仪器采集的土壤湿度数据质量难以保证,影响了模拟与观测的对比。

表 9.3　2013 年分省份评估结果

省份	R	bias(mm³/mm³)	RMSE(m³/m³)
安徽	0.8921	0.006	0.0324
北京	0.926	0.0307	0.0376
重庆	0.8072	0.03635	0.04272
福建	0.9065	0.02821	0.0333
甘肃	0.9118	0.0201	0.0241
广东	0.8724	0.0045	0.0177
广西	0.884	0.01268	0.01728
贵州	0.8667	−0.0381	0.05225
海南	0.9436	0.0615	0.06346
河北	0.965	0.0634	0.0647
黑龙江	0.7374	−0.0416	0.04923
河南	0.876293	0.004	0.01769
湖北	0.8904	−0.02141	0.02538
湖南	0.9443	0.0015	0.0123
江苏	0.8523	0.0334	0.0365
江西	0.7794	0.0507	0.0588
吉林	0.6845	0.033	0.0412
内蒙古	0.8024	0.04976	0.05233
青海	0.8899	0.0005	0.0231
陕西	0.9416	0.049	0.0507
上海	0.8416	0.0034	0.0208
山西	0.938	0.0449	0.0484
四川	0.8702	0.074	0.0761
天津	0.94823	0.01679	0.02398
新疆	0.8185	−0.0412	0.0429
西藏	0.7789	0.0811	0.0845
云南	0.9708	−0.0561	0.05719
浙江	0.8497	0.0607	0.0707

　　在均方根误差(RMSE)统计结果中,可以看出 18 个省份的 RMSE 小于 0.05 mm³/mm³;在偏差(bias)统计结果中,可以看出 16 个省份的 bias 小于 0.04 mm³/mm³。黑龙江、四川、新

疆及西藏等省（自治区）等偏差和均方根误差较大的省份,共同的特点都是地理位置属于比较寒冷地区,观测站点稀少,环境恶劣,陆面模式地表参数的收集都受到很大的局限。

图 9.1 分别绘制了部分省份 2013 年 100～300 d 时间序列图。从时间序列图上可以更为直观地看出,模式与观测数据的变化趋势接近一致,且变化幅度也基本相同;但是在土壤湿度绝对值来看,不同省份表现情况有所不同,如河南省、湖南省,模拟数值和实际观测结果基本一致,但是山西省、云南省的系统性偏差较为明显,其他各省份具体情况参见表 9.3。

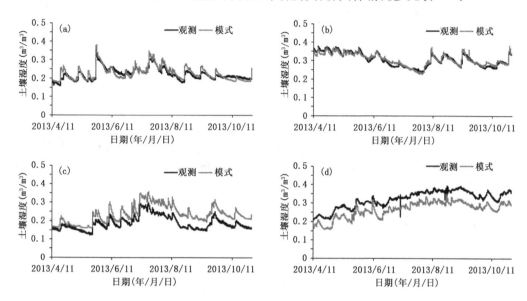

图 9.1　2013 年部分省份模式与地面观测的时间序列图

（a. 河南；b. 湖南；c. 山西；d. 云南）

9.3.2　代表站点评估

由于土壤质地的特殊性,土壤湿度的空间分布存在非常强的非均匀性,用单个站点观测结果来评估栅格尺度的模拟结果,一直以来都存在可能的空间尺度不匹配的问题,主要体现在观测站建设地段地表土壤属性与模式模拟所需的格点场土壤属性不一致。因此,本节希望在进行代表站点尺度评估时,先进行大量调研,选取模式地表参数与观测站点地表覆盖一致,且在一定区域内均匀的站点,尽量减少因土壤空间变异造成的评估不匹配问题。本节代表站点土壤湿度评估,综合考虑上述影响和解决思路,通过调研选取如表 9.4 所列代表站点,这些站点理论上能够较好地代表特定空间区域内的土壤湿度变化情况,保证评估的合理性。

表 9.4　代表站点基本信息

省份	站名	区站号	纬度	经度
内蒙古	敖汉	54225	42.28°N	119.92°E
浙江	龙游南	58547	29.03°N	119.18°E
四川	江油	56195	31.80°N	104.73°E
海南	琼山	59757	20.00°N	110.37°E

通过选取的代表站点的时间序列统计分析(图 9.2 为 0~10 cm,图 9.3 为 10~40 cm),表层(0~10 cm)的土壤湿度变率整体上大于深层,这是因为表层土壤与边界层大气相互反馈更

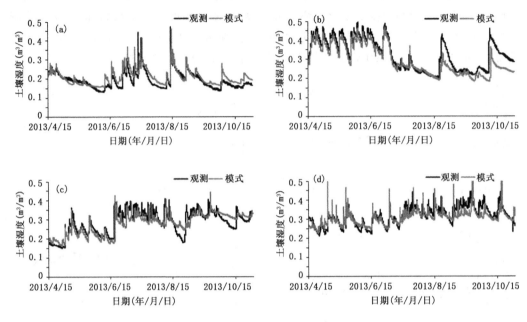

图 9.2　2013 年 4 月 15 日—10 月 31 日逐小时 0~10 cm 土壤湿度

(a.敖汉站;b.龙游南;c.江油;d.琼山)

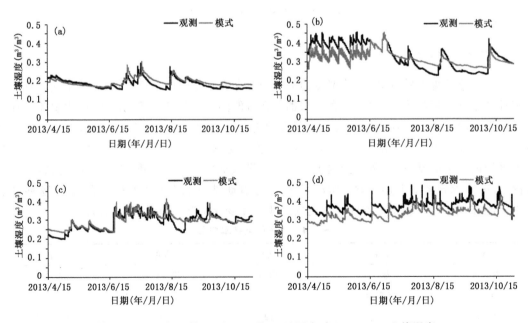

图 9.3　2013 年 4 月 15 日—10 月 31 日逐小时 10~40 cm 土壤湿度

(a.敖汉站;b.龙游南;c.江油;d.琼山)

加敏感,对于地表和大气细小的变化反应更加迅速,与大气底层的水热交换更加频繁。相比而言,在相同作用周期中,深层(10～40 cm)的土壤与表层相比,土壤湿度变化更加平和,表明随着土壤加深,水分的下渗越来越少,同时在时间上深层土壤有一个较为明显的滞后,反映出土壤由表层到深层的一个传导过程。

9.3.3　青藏高原特殊地形

青藏高原作为地球的第三极,其地表热力和水分循环过程,对东亚大气环流和全球气候变化均有重大影响,近年来青藏高原地区的观测数据、再分析产品等的数据精度受到越来越多的关注。针对青藏高原地区,对 CLDAS 驱动的 CLM3.5、美国 GLDAS 以及欧洲中期数值预报中心 ERA-Interim 这三套土壤湿度产品进行了比较评估。但是,由于复杂的天气变化和地形等因素影响,该地区地面自动站观测土壤湿度数据的可靠性有待进一步考证。因此,评估该地区的产品质量时使用中国科学院青藏高原研究所在青藏高原建立的土壤监测网络 CTP-SMTMN,有 56 个观测站点(海拔在 4470～4950 m),分为三个空间尺度进行布设,分别为 1°、0.3°、0.1°分辨率,测量 0～5、10、20 和 40 cm 四个层次的土壤温度和土壤湿度变量。

本节使用 2010 年 8 月 1 日—2012 年 12 月 31 日的 CTP-SMTMN 观测数据,对几套不同的土壤湿度产品进行了比较评估,并利用泰勒图(图 9.4)进行分析。

泰勒图可以在二维图表上表示三种不同的统计结果:相关系数、偏差、标准差(STD)均方根误差等评估指标。

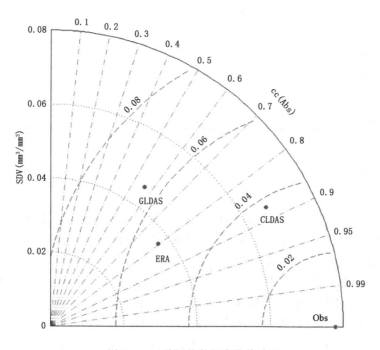

图 9.4　三种评估数据泰勒统计图

由图 9.4 中 GLDAS、CLDAS、ERA 三点与 Obs 的位置关系可以看出,CLDAS 和 Obs 的标准差较为接近,即自身变率幅度较为一致;均方根误差统计结果显示,以 CLDAS 为驱动数据模拟的结果小于 0.04 mm³/mm³,ERA 的结果为 0.04 ～0.06 mm³/mm³,GLDAS 的结果

大于 $0.06 \text{ mm}^3/\text{mm}^3$；相关系数的统计表明，CLDAS 的相关系数在 0.85 以上，ERA 位于 0.8 左右，GLDAS 小于 0.6。

9.3.4　不同气候区

在分析了站点尺度土壤湿度比较结果的基础上，在区域尺度上对 CLDAS 的土壤湿度模拟值与观测值进行了对比分析。

表 9.5 给出了六个研究区和全国尺度土壤湿度模拟值与实测值的相关系数、偏差和均方根误差，可以看出在东北地区，CLDAS 的土壤湿度的 $0 \sim 10 \text{ cm}$ 土壤湿度模拟值与观测数据的相关性低于其他五个研究区，相关系数为 0.665，而在其他五个研究区，$0 \sim 10 \text{ cm}$ 土壤湿度模拟值与观测值的相关系数都大于 0.9，从全国尺度来看，Noah-MP 模式的 $0 \sim 10 \text{ cm}$ 土壤湿度模拟值与观测数据的相关性很强，相关系数达到 0.939；从区域尺度和全国尺度来看，$0 \sim 10 \text{ cm}$ 土壤湿度模拟值与观测值的偏差是较小的，都在 $\pm 0.03 \text{ m}^3/\text{m}^3$ 以内，其中江淮和西南地区的偏差较大，分别为 -0.027 和 $0.023 \text{ m}^3/\text{m}^3$；六个研究区 $0 \sim 10 \text{ cm}$ 土壤湿度模拟值与观测值的均方根误差都在 $0.03 \text{ m}^3/\text{m}^3$ 以内，其中江淮地区的均方根误差最大，为 $0.03 \text{ m}^3/\text{m}^3$，西北东部地区的均方根误差最小，为 $0.01 \text{ m}^3/\text{m}^3$。

表 9.5　不同研究区 CLDAS 的土壤湿度与实测的相关系数、偏差和均方根误差

不同气候区	R	bias(m^3/m^3)	RMSE(m^3/m^3)
Ⅰ区（东北地区）	0.670	0.008	0.024
Ⅱ区（华北地区）	0.950	0.004	0.012
Ⅲ区（江淮地区）	0.947	-0.027	0.030
Ⅳ区（东南地区）	0.961	0.009	0.020
Ⅴ区（西北东部地区）	0.928	0.002	0.010
Ⅵ区（西南地区）	0.942	0.023	0.024
全国平均	0.939	-0.003	0.008

9.4　结论与讨论

利用 2013 年经过严格质量控制的中国气象局业务化自动土壤水分观测站实况数据、青藏高原试验观测数据以及国际同类产品对 CMA 陆面数据同化系统生成的土壤湿度模拟结果进行评估，并进行了细致的分析，主要有如下结论。

（1）总体干湿分布合理。土壤湿度从西北到东南呈现出了由干旱向湿润逐渐变化的梯度趋势；华东、华南和华中地区比较湿润；东北和华北地区相对干燥；新疆地区（尤其是塔里木盆地）、内蒙古西部以及河套地区等为明显的土壤湿度干值中心。

（2）分省份定量评估结果较为准确。利用各省份站点平均及全国站点平均结果来看，大部分省份站点观测数据和模式结果的相关系数在 0.8 以上，其中海南、湖南、天津、云南、陕西及山西在 0.9 以上；大部分省份偏差在 $-0.04 \sim 0.04 \text{ mm}^3/\text{mm}^3$，其中安徽、广东、青海、上海、湖南及河南偏差在 $-0.01 \sim 0.01 \text{ mm}^3/\text{mm}^3$；大部分省份均方根误差平均在 $0.04 \sim 0.05 \text{ mm}^3/\text{mm}^3$，其中广东、广西、河南及湖南均方根误差在 $0.02 \text{ mm}^3/\text{mm}^3$ 以下，分析原因，

CLDAS 陆面数据同化系统使用的驱动数据融合了高分辨率背景场和中国 4 万多个气温、气压、湿度、风速自动站观测资料,该驱动数据与实况资料具有较高的一致性,而准确的驱动数据对陆面模拟结果的提高又具有很大的促进作用。

（3）青藏高原地形复杂区域土壤湿度产品质量优于国际同类产品。与 GLDAS 和 ERA-Interim 国际同类产品相比,CLDAS 土壤湿度产品时空分辨率有了较大提高,对细节的刻画更为细致,利用青藏高原试验观测数据进行评估,结果表明均方根误差、偏差和相关系数等指标,CLDAS 系统土壤湿度产品均优于 GLDAS 和 ERA-Interim 同类产品。

参考文献

蔡静雅，庞治国，谭亚男，2015. 宇宙射线中子法在荒漠草原土壤水测量中的应用[J]. 中国水利水电科学研究院学报，13(6)：456-460.

蔡亮红，丁建丽，2018. 基于高光谱多尺度分解的土壤含水量反演[J]. 激光与光电子学进展，55(1)：406-415.

陈怀亮，冯定原，邹春辉，1998. 麦田土壤水分 NOAA/AVHRR 遥感监测方法研究[J]. 遥感技术与应用，13(4)：27-35.

陈怀亮，张红卫，刘荣花，等，2009. 中国农业干旱的监测、预警和灾损评估[J]. 科技导报，27(11)：82-92.

陈鹏，2011. 基于植被指数和地表温度的农业旱情监测适用性研究[D]. 南京：南京信息工程大学.

陈书林，刘元波，温作民，2012. 卫星遥感反演土壤水分研究综述[J]. 地球科学进展，27(11)：1192-1203.

除多，次仁多吉，德吉央宗，2016. 西藏高原土壤水分遥感监测方法研究[J]. 高原山地气象研究，36(2)：1-7.

邓英春，许永辉，2007. 土壤水分测量方法研究综述[J]，水文(4)：23-27.

郭虎，王瑛，王芳，2008. 旱灾灾情监测中的遥感应用综述[J]. 遥感技术与应用，23(1)：111-116.

韩帅，师春香，姜志伟，等，2017. CMA 高分辨率陆面数据同化系统(HRCLDAS-V1.0)研发及进展[J]. 气象科技进展，8(1)：102-108,116.

韩宇平，张功瑾，王富强，2013. 农业干旱监测指标研究进展[J]. 华北水利水电学院学报，34(1)：74-78.

黄春林，李新，2004. 陆面数据同化系统的研究综述[J]. 遥感技术与应用，19(5)：424-430.

黄飞龙，李昕娣，黄宏智，等，2012. 基于 FDR 的土壤水分探测系统与应用[J]. 气象，38(6)：764-768.

黄泽林，覃志豪，2008. 利用 MODIS 数据监测大面积土壤水分与农作物旱情研究[J]. 安徽农业科学，36(11)：4784-4787.

贾继堂，程琳琳，余洋，2013. 一种基于多元统计分析的土壤含水量高光谱反演模型[J]. 测绘科学技术学报，30(6)：614-618.

贾晓俊，施生锦，黄彬香，等，2014. 宇宙射线中子法测量土壤水分的原理及应用[J]. 中国农学通报，30(21)：113-117.

李昊睿，2007. 陆面数据同化方法的研究[D]. 兰州：兰州大学.

李红军，郑力，雷玉平，等，2007. 植被指数—地表温度特征空间研究及其在旱情监测中的应用[J]. 农业工程学报，22(11)：170-174.

李俐，王荻，王鹏新，等，2015. 合成孔径雷达土壤水分反演研究进展[J]. 资源科学，37：1929-1940.

李旺霞，陈彦云，2014. 土壤水分及其测量方法的研究进展[J]. 江苏农业科学，42(10)：335-339.

李新，黄春林，车涛，等，2007. 中国陆面数据同化系统研究的进展与前瞻[J]. 自然科学进展(2)：25-35.

李秀花，师庆东，常顺利，等，2009. 1981—2001 年中国西北干旱区 NDVI 变化分析[J]. 干旱区地理，31(6)：940-45.

李云鹏，司瑶冰，刘朋涛，等，2011. 基于空间信息的内蒙古农业干旱监测研究[J]. 干旱区资源与环境，25(11)：125-131.

李喆，向大享，谭德宝，等，2012. 基于云参数法的 2010 年西南旱情遥感分析[J]. 人民长江，43(8)：88-92.

刘海岩，牛振国，陈晓玲，2006. EOS—MODIS 数据在我国农作物监测中的应用[J]. 遥感技术与应用，20(5)：531-536.

刘军建, 师春香, 贾炳浩, 等, 2017. FY-2E 地面太阳辐射反演及数据集评估[J]. 遥感信息, 33(1):
　　104-110.

刘良明, 2004. 基于 EOS MODIS 数据的遥感干旱预警模型研究[D]. 武汉: 武汉大学.

刘良明, 向大享, 文雄飞, 等, 2009. 云参数法干旱遥感监测模型的完善[J]. 武汉大学学报: 信息科学版,
　　34(2): 207-209.

刘元波, 陈荷生, 高前兆, 1997. 沙地水分动力学研究新视角[J]. 中国沙漠, 17(1): 95-98.

吕蒙, 钟悦之, 2011. NDVI 在生态环境研究中的应用进展[J]. 农村经济与科技, 22(3): 11-14.

马明国, 韩旭军, 黄春林, 等, 2017. CoLM 改进与多源遥感陆面数据同化系统研发[J]. 科技资讯
　　(34): 255.

毛克彪, 王建明, 张孟阳, 等, 2009. GNSS-R 信号反演土壤水分研究分析[J]. 遥感信息, 3: 92-97.

孟兆江, 段爱旺, 卞新民, 等, 2005. 番茄茎直径变差法诊断水分状况试验[J]. 干旱地区农业研究, 23(3):
　　40-43.

莫伟华, 王振会, 孙涵, 等, 2006. 基于植被供水指数的农田干旱遥感监测研究[J]. 南京气象学院学报, 29
　　(3): 396-401.

牟伶俐, 2006. 农业旱情遥感监测指标的适应性与不确定性分析[D]. 北京: 中国科学院遥感应用研究所.

牟伶俐, 吴炳方, 闫娜娜, 等, 2007. 农业旱情遥感指数验证与不确定性分析[J]. 水土保持通报, 27(2):
　　119-122.

聂建亮, 武建军, 杨曦, 等, 2011. 基于地表温度-植被指数关系的地表温度降尺度方法研究[J]. 生态学报,
　　31(17): 4961-4969.

潘旸, 沈艳, 宇婧婧, 等, 2012. 基于最优插值方法分析的中国区域地面观测与卫星反演逐时降水融合试验
　　[J]. 气象学报, 70(6): 1381-1389.

齐述华, 2004. 干旱监测遥感模型和中国干旱时空分析[D]. 北京: 中国科学院遥感应用研究所.

沈艳, 潘旸, 宇婧婧, 等, 2013. 中国区域小时降水量融合产品的质量评估[J]. 大气科学学报, 36(1):
　　37-46.

师春香, 姜立鹏, 朱智, 等, 2018. 基于 CLDAS2.0 驱动数据的中国区域土壤湿度模拟与评估[J]. 江苏农业
　　科学, 46(4): 231-236.

师春香, 谢正辉, 钱辉, 等, 2011. 基于卫星遥感资料的中国区域土壤湿度 EnKF 数据同化[J]. 中国科学:
　　地球科学(3): 96-106.

隋洪智, 田国良, 1997. 农田蒸散双层模型及其在干旱遥感监测中的应用[J]. 遥感学报, 1(3): 220-224.

孙丽, 裴志远, 马尚杰, 等, 2014. 基于多种卫星的县级尺度干旱监测指数比较——以河北玉田县为例[J]. 地
　　理与地理信息科学, 30(4): 46-50.

孙丽, 王飞, 吴全, 2010. 干旱遥感监测模型在中国冬小麦区的应用[J]. 农业工程学报, 26(1): 243-249.

孙岩标, 刘良明, 何连, 等, 2010. 基于云参数法遥感干旱监测系统研究[C]. Proceedings of 2010 Interna-
　　tional Conference on Remote Sensing (ICRS).

田国良, 1991. 土壤水分的遥感监测方法[J]. 环境遥感(2): 89-98.

田苗, 王鹏新, 孙威, 2010. 基于地表温度与植被指数特征空间反演地表参数的研究进展[J]. 地球科学进
　　展, 25(7): 698-705.

田向军, 谢正辉, 2008. 考虑次网格变异性和土壤冻融过程的土壤湿度同化方案[J]. 中国科学: 地球科学
　　(6): 741-749.

王加虎, 李新红, 2008. "四水"转化研究综述[J]. 水文, 28(4): 5-8.

王鹏新, 龚健雅, 李小文, 2001. 条件植被温度指数及其在干旱监测中的应用[J]. 武汉大学学报: 信息科学
　　版, 26(5): 412-416.

王艳姣, 闫峰, 2014. 旱情监测中高植被覆盖区热惯量模型的应用[J]. 干旱区地理, 37(3): 539-547.

王永前，施建成，刘志红，等，2014. 微波植被指数在干旱监测中的应用[J]. 遥感学报，18(4)：843-867.

魏伟，任皓晨，赵军，等，2011. 基于 MODIS 的 ATI 和 TVI 组合法反演石羊河流域土壤含水量[J]. 国土资
　　源遥感，23(2)：104-109.

吴黎，张有智，解文欢，等，2012. 改进的表观热惯量法反演土壤含水量[J]. 国土资源遥感，25(1)：44-49.

吴孟泉，崔伟宏，李景刚，2007. 温度植被干旱指数（TVDI）在复杂山区干旱监测的应用研究[J]. 干旱区地
　　理，30(1)：30-35.

武晋雯，孙龙彧，张玉书，等，2014. 不同植被覆盖下土壤水分遥感监测方法的比较研究[J]. 中国农学通
　　报，30(23)：303-307.

夏虹，武建军，刘雅妮，等，2005. 中国用遥感方法进行干旱监测的研究进展[J]. 遥感信息(2)：55-58.

向大享，2011. 云参数法干旱遥感监测模型研究[D]. 武汉：武汉大学.

许国鹏，李仁东，梁守真，等，2006. 基于改进型温度植被干旱指数的旱情监测研究[J]. 世界科技研究与发
　　展(6)：51-55.

阳坤，Koike T，2007. 青藏高原陆面同化系统的发展、验证及应用[C]. 中国气象学会.

杨丽娟，武胜利，张钟军，2011. 利用主被动微波遥感结合反演土壤水分的理论模型分析[J]. 国土资源遥
　　感，(2)：53-58.

杨树聪，沈彦俊，郭英，等，2011. 基于表观热惯量的土壤水分监测[J]. 中国生态农业学报，19(5)：
　　1157-1161.

杨涛，陆桂华，李会会，等，2011. 气候变化下水文极端事件变化预测研究进展[J]. 水科学进展，22(2)：
　　279-286.

于君明，周艺，王世新，2009. 基于修正角度斜率指数的土壤水分遥感监测方法[J]. 土壤通报，40(1)：
　　43-47.

余凡，赵英时，2010. 合成孔径雷达反演裸露地表土壤水分的新方法[J]. 武汉大学学报(信息科学版)，35
　　(3)：317-321.

余涛，田国良，1997. 热惯量法在监测土壤表层水分变化中的研究[J]. 遥感学报，1(1)：24-31.

虞文丹，张友静，郑淑倩，2015. 基于作物缺水指数的土壤含水量估算方法[J]. 国土资源遥感(3)：77-83.

詹志明，秦其明，阿布都瓦斯提·吾拉木，等，2006. 基于 NIR-Red 光谱特征空间的土壤水分监测新方法
　　[J]. 中国科学：D 辑，36(11)：1020-1026.

张军红，吴波，2012. 干旱、半干旱地区土壤水分研究进展[J]. 中国水土保持(2)：40-43.

张生雷，谢正辉，田向军，等，2006. 基于土壤水模型及站点资料的土壤湿度同化方法[J]. 地球科学进展
　　(12)：1350-1362.

张穗，向大享，孙忠华，2013. 云参数法干旱遥感监测模型在非洲地区的适应性研究[J]. 华中师范大学学
　　报：自然科学版，47(3)：410-415.

张文宗，周须文，王晓云，1999. 华北干旱综合评估和预警技术研究[J]. 气象，25(1)：30-33.

张祥，2017. 多源时序 SAR 数据土壤水分反演研究[D]. 北京：中国矿业大学.

张霄羽，毕于运，李召良，2008. 遥感估算热惯量研究的回顾与展望[J]. 地理科学进展(3)：166-172.

张小雨，孙宏勇，王艳哲，等，2013. 应用基于红外热画像技术的 CWSI 简化算法判断作物水分状态[J]. 中
　　国农业气象，34(5)：569-575.

张秀英，江洪，韩英，2010. 陆面数据同化系统及其在全球变化研究中的应用[J]. 遥感信息(4)：137-145.

张扬建，范春捆，黄珂，2017. 遥感在生态系统生态学上应用的机遇与挑战[J]. 生态学杂志(36)：809-823.

赵天杰，2018. 被动微波反演土壤水分的 L 波段新发展及未来展望[J]. 地理科学进展，37(2)：198-213.

郑有飞，程晋昕，吴荣军，等，2013. 农业旱情遥感监测的一种改进方法及其应用[J]. 应用生态学报，24
　　(9)：2608-2618.

郑有飞，刘茜，王云龙，等，2012. 能量指数法在黑龙江干旱监测中的适用性研究[J]. 土壤，44(1)：

149-157.

周正明，2013. 遥感光谱指数反演土壤水分及干旱时空分布研究[D]. 北京：中国气象科学研究院.

朱鹤健，何宜庚，1992. 土壤地理学[M]. 北京：高等教育出版社.

Abbas S, Nichol J E, Qamer F M, et al,2014. Characterization of drought development through remote sensing: a case study in Central Yunnan, China[J]. Remote Sensing, 6(6): 4998-5018.

Al-Yaari A, Wigneron J-P, Ducharne A, et al,2014. Global-scale evaluation of two satellite-based passive microwave soil moisture datasets (SMOS and AMSR-E) with respect to Land Data Assimilation System estimates[J]. Remote Sensing of Environment, 149: 181-195.

Alessi R S,Prunty L, 1986. Soil water determination using fiber optics[J]. Soil Science Society of America Journal, 50: 860-863.

Ali I,Greifeneder F, Stamenkovic J, et al,2015. Review of machine learning approaches for biomass and soil moisture retrievals from remote sensing data[J]. Remote Sensing, 7(12): 16398-16421.

Altese E, Bolognani O, Mancini M, et al, 1996. Retrieving soil moisture over bare soil from ERS 1 synthetic aperture radar data: Sensitivity analysis based on a theoretical surface scattering model and field data[J]. Water Resources Research, 32(3): 653-661.

Alwis L, Sun T, Grattan K T V, 2013. Optical fibre-based sensor technology for humidity and moisture measurement: Review of recent progress[J]. Measurement, 46: 4052-4074.

Amoozegar A, Martin K,Hoover M,1989. Effect of access hole properties on soil water content determination by neutron thermalization[J]. Soil Science Society of America Journal, 53(2): 330-335.

Anyamba A, Tucker C J,Eastman J R, 2001. NDVI anomaly patterns over Africa during the 1997/98 ENSO warm event[J]. International Journal of Remote Sensing, 22(10): 1847-1859.

Armstrong R,Brodzik M, 1995. An earth-gridded SSM/I data set for cryospheric studies and global change monitoring[J]. Advances in Space Research, 16(10): 155-163.

Arulanandan K, 1991. Dielectric method for prediction of porosity of saturated soil[J]. Journal of Geotechnical Engineering, 117(2): 319-330.

Attema E,Ulaby F T, 1978. Vegetation modeled as a water cloud[J]. Radio Science, 13(2): 357-364.

Baghdadi N, ElHajj M, Choker M, et al,2018. Potential of Sentinel-1 Images for Estimating the Soil Roughness over Bare Agricultural Soils[J]. Water, 10(2): 131.

Baghdadi N, Holah N,Zribi M, 2006. Calibration of the integral equation model for SAR data in C-band and HH and VV polarizations[J]. International Journal of Remote Sensing, 27(4): 805-816.

Baghdadi N, King C, Bourguignon A, et al, 2002. Potential of ERS and RADARSAT data for surface roughness monitoring over bare agricultural fields: application to catchments in Northern France[J]. International Journal of Remote Sensing, 23(17): 3427-3442.

Bahar E, 1981. Full-wave solutions for the depolarization of the scattered radiation fields by rough surfaces of arbitrary slope[J]. IEEE Transactions on Antennas & Propagation, 29(3): 443-454.

Bai X, He B, Li X, et al, 2017. First assessment of Sentinel-1A data for surface soil moisture estimations using a coupled Water Cloud Model and Advanced Integral Equation Model over the Tibetan Plateau[J]. Remote Sensing, 9(7): 714.

Balenzano A, Mattia F, Satalino G, et al, 2011a. Dense temporal series of C-and L-band SAR data for soil moisture retrieval over agricultural crops[J]. IEEE Journal of Selected Topics in Applied Earth Observations and Remote Sensing, 4(2): 439-450.

Balenzano A, Satalino G, Pauwels V R N, et al, 2011b. Dense Temporal Series of C- and L-band SAR Data for Soil Moisture Retrieval Over Agricultural Crops[J]. IEEE Journal of Selected Topics in Applied Earth

Observations & Remote Sensing, 4(2): 439-450.

Barrett B W, Dwyer E, Whelan P, 2009. Soil moisture retrieval from active spaceborne microwave observations: An evaluation of current techniques[J]. Remote Sensing, 1(3): 210-242.

Bartalis Z, Wagner W, Naeimi V, et al, 2007. Initial soil moisture retrievals from the METOP-A Advanced Scatterometer (ASCAT)[J]. Geophysical Research Letters, 34(20):L20401.

Bethe H A, Korff S A,Placzek G, 1940. On the interpretation of neutron measurements in cosmic radiation [J]. Physical Review, 57(7): 573.

Bhat A M,Singh D, 2007. A generalized relationship for estimating dielectric constant of soils[J]. Journal of ASTM International, 4(7): 1-17.

Bhuiyan C, Singh R P,Kogan F N, 2006. Monitoring drought dynamics in the Aravalli region (India) using different indices based on ground and remote sensing data[J]. International Journal of Applied Earth Observation and Geo-information, 8(4): 289-302.

Bindlish R,Barros A P, 2001a. Including vegetation scattering effects in a radar based soil moisture estimation model[J]. Iahs Publication,267: 354-361.

Bindlish R,Barros A P,2001b. Parameterization of vegetation backscatter in radar-based, soil moisture estimation[J]. Remote Sensing of Environment, 76(1): 130-137.

Bindlish R, Jackson T, Cosh M, et al,2015. Global soil moisture from the Aquarius/SAC-D satellite: Description and initial assessment[J]. IEEE Geoscience and Remote Sensing Letters, 12(5): 923-927.

Bousbih S, Zribi M, Lili-Chabaane Z, et al, 2017. Potential of Sentinel-1 Radar Data for the Assessment of Soil and Cereal Cover Parameters[J]. Sensors, 17(11): 2617.

Bruckler L, Witono H,Stengel P,1988. Near surface soil moisture estimation from microwave measurements [J]. Remote Sensing of Environment, 26(2): 101-121.

Bryant R, Moran M S, Thoma D, et al, 2007. Measuring surface roughness height to parameterize radar backscatter models for retrieval of surface soil moisture[J]. IEEE Geoscience and Remote Sensing Letters, 4(1): 137-141.

Burke E J, Gurney R J, Simmonds L, et al, 1997. Calibrating a soil water and energy budget model with remotely sensed data to obtain quantitative information about the soil[J]. Water Resources Research, 33 (7): 1689-1697.

Calvet J-C, Wigneron J-P, Walker J, et al, 2011. Sensitivity of passive microwave observations to soil moisture and vegetation water content: L-band to W-band[J]. IEEE Transactions on Geoscience and Remote Sensing, 49(4): 1190-1199.

Cao D, Shi B, Zhu H, et al, 2016. Performance evaluation of two types of heated cables for distributed temperature sensing-based measurement of soil moisture content[J]. Journal of Rock Mechanics and Geotechnical Engineering, 8(2): 212-217.

Carlson T N, 1986. Regional-scale estimates of surface moisture availability and thermal inertia using remote thermal measurements[J]. Remote Sensing Reviews, 1(2): 197-247.

Carlson T N, Gillies R R,Perry E M, 1994. A method to make use of thermal infrared temperature and NDVI measurements to infer surface soil water content and fractional vegetation cover[J]. Remote Sensing Reviews, 9(1-2): 161-173.

Chauhan N S, 1997. Soil moisture estimation under a vegetation cover: Combined active passive microwave remote sensing approach[J]. International Journal of Remote Sensing, 18(5): 1079-1097.

Chen F, Manning K W, LeMone M A, et al. , 2007. Description and Evaluation of the Characteristics of the NCAR High-Resolution Land Data Assimilation System[J]. Journal of Applied Meteorology & Climatology, 46(6): 694-713.

Chen K-S, Wu T-D, Tsang L, et al, 2003. Emission of rough surfaces calculated by the integral equation method with comparison to three-dimensional moment method simulations[J]. IEEE Transactions on Geoscience and Remote Sensing, 41(1): 90-101.

Chen K, Yen S, Huang W, 1995. A simple model for retrieving bare soil moisturefrom radar-scattering coefficients[J]. Remote Sensing of Environment, 54(2): 121-126.

Cho E, Moon H, Choi M, 2015. First assessment of the Advanced Microwave Scanning Radiometer 2 (AMSR2) soil moisture contents in Northeast Asia[J]. Journal of the Meteorological Society of Japan. Ser. II, 93(1): 117-129.

Chrisman B, Zreda M, 2013. Quantifying mesoscale soil moisture with the cosmic-ray rover[J]. Hydrology and Earth System Sciences, 17(12): 5097-5108.

Chrisman B B, 2013. Quantifying mesoscale soil moisture with the cosmic-ray rover[J]. Hybroology and Earth System Sciences, 17(12): 5097-5108.

Clevers J G P W, Kooistra L, Schaepman M E, 2008. Using spectral information from the NIR water absorption features for the retrieval of canopy water content[J]. International Journal of Applied Earth Observation and Geoinformation, 10: 388-397.

Colliander A, Jackson T J, Bindlish R, et al, 2017. Validation of SMAP surface soil moisture products with core validation sites[J]. Remote Sensing of Environment, 191: 215-231.

Cui C, Xu J, Zeng J, et al, 2018. Soil Moisture Mapping from Satellites: An Intercomparison of SMAP, SMOS, FY3B, AMSR2, and ESA CCI over Two Dense Network Regions at Different Spatial Scales[J]. Remote Sensing, 10(1): 33.

Das K, Paul P K, Dobesova Z, 2015. Present status of soil moisture estimation by microwave remote sensing [J]. Cogent Geoscience, 1(1): 1084669.

Das N N, Entekhabi D, Njoku E G, 2011. An algorithm for merging SMAP radiometer and radar data for high-resolution soil-moisture retrieval[J]. IEEE Transactions on Geoscience and Remote Sensing, 49(5): 1504-1512.

De Jeu R A M, 2003. Retrieval of land surface parameters using passive microwave remote sensing[D]. Vrije Universiteit Amsterdam.

Desilets D, Zreda M, Ferré T P, 2010. Nature's neutron probe: Land surface hydrology at an elusive scale with cosmic rays[J]. Water Resources Research, 46(11): W11505.

Dobson M C, Ulaby F T, Hallikainen M T, et al, 1985. Microwave dielectric behavior of wet soil-Part II: Dielectric mixing models[J]. IEEE Transactions on Geoscience and Remote Sensing(1): 35-46.

Dorigo W, Wagner W, Hohensinn R, et al., 2011. The International Soil Moisture Network: a data hosting facility for global in situ soil moisture measurements[J]. Hydrology and Earth System Sciences, 15(5): 1675-1698.

Du Y, 2008. A new bistatic model for electromagnetic scattering from randomly rough surfaces[J]. Waves in Random and Complex Media, 18(1): 109-128.

Dubois P C, Van Zyl J, Engman T, 1995. Measuring soil moisture with imaging radars[J]. IEEE Transactions on Geoscience and Remote Sensing, 33(4): 915-926.

Dutta R, Terhorst A, 2013. Adaptive neuro-fuzzy inference system-based remote bulk soil moisture estimation: Using CosmOz cosmic ray sensor[J]. IEEE Sensors Journal, 13(6): 2374-2381.

Eitel J U H, Gessler P E, AMS S, 2006. Suitability of existing and novel spectral indices to remotely detect water stress in Populusspp[J]. Forest Ecology and Management, 229: 170-182.

El Hajj M. , Baghdadi N, Zribi M, et al, 2016. Soil moisture retrieval over irrigated grassland using X-band SAR data[J]. Remote Sensing of Environment, 176: 202-218.

Elder A, Rasmussen T C, 1994. Neutron probe calibration in unsaturated tuff[J]. Soil Science Society of America Journal, 58(5): 1301-1307.

Elvidge C D , Lyon R J P ,1985. Influence of rock-soil spectral variation on the assessment of green biomass [J]. Remote Sensing of Environment, 17(3):265-279.

Engman E T, Chauhan N, 1995. Status of microwave soil moisture measurements with remote sensing[J]. Remote Sensing of Environment, 51(1): 189-198.

Entekhabi D, Nakamura H, Njoku E G, 1994. Solving the inverse problem for soil moisture and temperature profiles by sequential assimilation of multifrequency remotely sensed observations[J]. IEEE Transactions on Geoscience and Remote Sensing, 32: 438-447.

Entekhabi D, Njoku E G, O'Neill P E, et al, 2010. The soil moisture active passive (SMAP) mission[J]. Proceedings of the IEEE, 98(5): 704-716.

Entekhabi D, Yueh S, O'Neill P E, et al, 2014. SMAP Handbook-Soil moisture active passive: Mapping soil moisture and freeze/thaw from space[M]. Jet Propulsion Lab Publication: Pasadena, CA, USA.

Franz T E, Zreda M, Ferre T, et al, 2012. Measurement depth of the cosmic ray soil moisture probe affected by hydrogen from various sources[J]. Water Resources Research, 48(8):W08515.

Fujii H, Koike T, Imaoka K, 2009. Improvement of the AMSR-E algorithm for soil moisture estimation by introducing a fractional vegetation coverage dataset derived from MODIS data[J]. Journal of the Remote Sensing Society of Japan, 29(1): 282-292.

Fung A K, Li Z, Chen K S, 1992. Backscattering from a randomly rough dielectric surface[J]. IEEE Transactions on Geoscience and Remote Sensing, 30: 356-369.

Gao Y, Walker J P, Allahmoradi M, et al, 2015. Optical sensing of vegetation water content: A synthesis study[J]. IEEE Journal of Selected Topics in Applied Earth Observations and Remote Sensing, 8(4): 1456-1464.

Ghulam A, Qin Q, Teyip T, 2007a. Modified perpendicular drought index (MPDI): a real-time drought monitoring method[J]. ISPRS Journal of Photogrammetry and Remote Sensing, 62(2): 150-164.

Ghulam A, Qin Q, Zhan Z, 2007b. Designing of the perpendicular drought index[J]. Environmental Geology, 52(6): 1045-1052.

Giese K, Tiemann R,1975. Determination of the complex permittivity from thin-sample time domain reflectometry improved analysis of the step response waveform[J]. Advances in Molecular Relaxation Processes, 7 (1): 45-59.

Grody N C, Basist A N, 1996. Global identification of snowcover using SSM/I measurements[J]. IEEE Transactions on Geoscience and Remote Sensing, 34: 237-248.

Hajnsek I , Pottier E , Cloude S R,2003. Inversion of surface parameters from polarimetric SAR[J]. IEEE Transactions on Geoscience & Remote Sensing, 41(4):727-744.

Hallikainen M T, Jolma P A, Hyypa J M, 1988. Satellite microwave radiometry of forest and surface types in Finland[J]. IEEE Transactions on Geoscience and Remote Sensing, 26(5): 622-628.

He B, Xing M, Bai X, 2014. A synergistic methodology for soil moisture estimationin an alpine prairie using radar and optical satellite data[J]. Remote Sensing, 6(11): 10966-10985.

Hendrick L, Edge R, 1966. Cosmic-ray neutrons near the Earth[J]. Physical Review, 145(4): 1023.

Hilhorst M, 2000. A pore water conductivity sensor[J]. Soil Science Society of America Journal, 64(6): 1922-1925.

Hillel D, 2013. Introduction to soil physics[M]. Academic Press.

Hosseini M,McNairn H, 2017. Using multi-polarization C-and L-band synthetic aperture radar to estimate biomass and soil moisture of wheat fields[J]. International Journal of Applied Earth Observation and Geoinformation, 58: 50-64.

Hosseini M,Saradjian M R, 2014. Soil Moisture Estimation in a Vegetated Area Using Combination of AIRSAR and Landsat5-TM Images[J]. Journal of the Indian Society of Remote Sensing, 42(4): 719-726.

Huang Y, Liu X, Shen Y, et al, 2014. Assessment of agricultural drought indicators impact on soybean crop yield: A case study in Iowa, USA, Agro-geoinformatics: Third International Conference on. IEEE.

Huete A, Didan K, Miura T, et al, 2002. Overview of the radiometric and biophysical performance of the MODIS vegetation indices[J]. Remote Sensing of Environment, 83(1): 195-213.

Huete A, Didan K, van Leeuwen W, et al, 2010. MODIS Vegetation Indices, Land Remote Sensing and Global Environmental Change[M]. Springer:579-602.

Idso S B, Jackson R D, Pinter P J, et al, 1981. Normalizing the stress-degree-day parameter for environmental variability[J]. Agricultural Meteorology, 24(81): 45-55.

Imaoka K, Kachi M, Kasahara M, et al, 2010. Instrument performance and calibration of AMSR-E and AMSR2[J]. International Archives of the Photogrammetry, Remote Sensing and Spatial Information Science, 38(8): 13-18.

Jackson R D, Kustas W P,Choudhury B J, 1988. A reexamination of the crop water stress index[J]. Irrigation Science, 9(4): 309-317.

Jackson R D, Slater P N, Pinter P J, 1983. Discrimination of growth and water stress in wheat by various vegetation indices through clear and turbid atmospheres[J]. Remote Sensing of Environment, 13(3): 187-208.

Jackson T, Mansfield K,Saafi M,et al,2008. Measuring soil temperature and moisture using wireless MEMS sensors[J]. Measurement, 41: 381-390.

Jackson T J, 1993. Measuring surface soil moisture using passive microwave remote sensing[J]. Hydrological Processes, 7: 139-152.

Jackson T J, Cosh M H, Bindlish R, et al, 2010. Validation of advanced microwave scanning radiometer soil moisture products[J]. IEEE Transactions on Geoscience and Remote Sensing, 48(12): 4256-4272.

Jackson T J,Schmugge T J, 1991. Vegetation effects on the microwave emission of soils[J]. Remote Sensing of Environment, 36(3): 203-212.

Jayawardane N, Meyer W,Barrs H, 1984. Moisture measurement in a swelling clay soil using neutron moisture meters[J]. Soil Research, 22(2): 109-117.

Jia B, Xie Z, Dai A, et al, 2013. Evaluation of satellite and reanalysis products of downward surface solar radiation over East Asia: Spatial and seasonal variations[J]. Journal of Geophysical Research: Atmospheres, 118: 3431- 3446.

Jones H G, 1999. Use of infrared thermometry for estimation of stomatal conductance as a possible aid to irrigation scheduling[J]. Agricultural and Forest Meteorology, 95(3): 139-149.

Joseph A T, Velde R V D, O'Neill P E, et al, 2008. Soil moisture retrieval during a corn growth cycle using L-band (1. 6 GHz) radar observations[J]. IEEE Transactions on Geoscience and Remote Sensing, 46(8): 2365-2374.

Joseph A T, Velde R V D, O'Neill P E, et al, 2011. Effects of corn on C- and L-band radar backscatter: A correction method for soil moisture retrieval[J]. Remote Sensing of Environment, 114(11): 2417-2430.

Jupp D L B, 1990. Constrained two layer models for estimating evapotranspiration[C]. Proceedings of the

11th Asian Conference on Remote Sensing, Canton, China.

Kaleita A L, Tian L F, Hirschi M C, 2005. Relationship between soil moisture content and soil surface reflectance[J]. Transactions of the Asae, 48(5): 381-390.

Kang C S, Kanniah K D, Kerr Y H, et al, 2016. Analysis of in-situ soil moisture data and validation of SMOS soil moisture products at selected agricultural sites over a tropical region[J]. International Journal of Remote Sensing, 37(16): 3636-3654.

Karnieli A, Agam N, Pinker R T, et al, 2010. Use of NDVI and land surface temperature for drought assessment: merits and limitations[J]. Journal of Climate, 23(3): 618-633.

Kelleners T, Soppe R, Ayars J, et al, 2004. Calibration of capacitance probe sensors in a saline silty clay soil [J]. Soil Science Society of America Journal, 68(3): 770-778.

Kim J, 2010. Evaluation of evapotranspiration estimation using korea land data assimilation system[J]. Korean Journal of Agricultural & Forest Meteorology, 12(4): 298-306.

Kodama M, Kudo S, Kosuge T, 1985. Application of atmospheric neutrons to soil moisture measurement[J]. Soil Science, 140(4): 237-242.

Kogan F N, 1990. Remote sensing of weather impacts on vegetation in non-homogeneous areas[J]. International Journal of Remote Sensing, 11(8): 1405-1419.

Kogan F N, 1995a. Application of vegetation index and brightness temperature for drought detection[J]. Advances in Space Research, 15(11): 91-100.

Kogan F N, 1995b. Droughts of the late 1980s in the United States as derived from NOAA polar-orbiting satellite data[J]. Bulletin of the American Meteorological Society, 76(5): 655-668.

Kogan F N, 1998. Global drought and flood-watch from NOAA polar-orbiting satellites[J]. Advances in Space Research, 21(3): 477-480.

Kornelsen K C, Coulibaly P, 2013. Advances in soil moisture retrieval from synthetic aperture radar and hydrological applications[J]. Journal of Hydrology, 476: 460-489.

Kseneman M, Gleich D, Potočnik B, 2012. Soil-moisture estimation from TerraSAR-X data using neural networks[J]. Machine Vision & Applications, 23(5): 937-952.

Lee K H, Anagnostou E N, 2004. A combined passive/active microwave remote sensing approach for surface variable retrieval using Tropical Rainfall Measuring Mission observations[J]. Remote Sensing of Environment, 92(1): 112-125.

Li H, Lei Y, Zheng L, et al, 2005. Calculating regional drought indices using evapotranspiration (ET) distribution derived from Landsat7 ETM+ data, International Society for Optics and Photonics[C]. Proceedings of SPIE, The International Society for Optical Engineering, USA.

Li Q, Zhong R, Huang J, 2011. Comparison of two retrieval methods with combined passive and active microwave remote sensing observations for soil moisture[J]. Mathematical and Computer Modelling, 54(3-4): 1181-1193.

Li Z, Chen Z, 2011. Remote sensing indicators for crop growth monitoring at different scales[C]. IEEE International Geoscience and Remote Sensing Symposium (IGARSS), Vancouver, BC, Canada.

Liang S, 2001. Narrowband to broadband conversions of land surface albedo I: Algorithms[J]. Remote Sensing of Environment, 76(2): 213-238.

Liang S, Shuey C J, Russ A L, et al, 2003. Narrowband to broadband conversions of land surface albedo II: Validation[J]. Remote Sensing of Environment, 84(2): 25-41.

Lin C-P, Chung C-C, Huisman J, et al, 2008. Clarification and calibration of reflection coefficient for electrical conductivity measurement by time domain reflectometry[J]. Soil Science Society of America Journal, 72

（4）：1033-1040.

Liu C, Shi J, 2016. Estimation of vegetation parameters of water cloud model for global soil moisture retrieval using time-series L-band aquarius observations[J]. IEEE Journal of Selected Topics in Applied Earth Observations and Remote Sensing, 9(12)：5621-5633.

Lozano-Garcia D F, Fernandez R N, Gallo K P, et al, 1995. Monitoring the 1988 severe drought in Indiana, USA using AVHRR data[J]. International Journal of Remote Sensing, 16(7)：1327-1340.

Lu H, Koike T, Yang K, et al, 2007. Estimation of Land Surface Parameters by LDAS-UT：Model Development and Validation on Tanashi Field Experiment[C]. American Geophysical Union (AGU) Fall Meeting.

Lunetta R S, Knight J F, Ediriwickrema J, et al, 2006. Land-cover change detection using multi-temporal MODIS NDVI data[J]. Remote Sensing of Environment, 105(2)：142-154.

McDonald K, Ulaby F, 1990. MIMICS II：Radiative transfer modeling of discontinuous tree canopies at microwave frequencies, Geoscience and Remote Sensing Symposium, 1990. IGARSS'90.'Remote Sensing Science for the Nineties', 10th Annual International. IEEE, 141-141.

Merzouki A, McNairn H, Pacheco A, 2011. Mapping soil moisture using RADARSAT-2 data and local autocorrelation statistics[J]. IEEE Journal of Selected Topics in Applied Earth Observations and Remote Sensing, 4(1)：128-137.

Milder D M, 1991. An improved formalism for wave scattering from rough surfaces[J]. The Journal of the Acoustical Society of America, 89(2)：529-541.

Ming P, Sahoo A K, Wood E F, 2014. Improving soil moisture retrievals from a physically-based radiative transfer model[J]. Remote Sensing of Environment, 140(1)：130-140.

Mittelbach H, Lehner I, Seneviratne S I, 2012. Comparison of four soil moisture sensor types under field conditions in Switzerland[J]. Journal of Hydrology, 430：39-49.

Mo T, Choudhury B, Schmugge T, et al, 1982. A model for microwave emission from vegetation - covered fields[J]. Journal of Geophysical Research：Oceans, 87(C13)：11229-11237.

Moran M S, Clarke T R, Inoue Y, et al, 1994. Estimating crop water deficit using the relation between surface-air temperature and spectral vegetation index[J]. Remote Sensing of Environment, 49(3)：246-263.

Moran M S, Peters-Lidard C D, Watts J M, et al, 2004. Estimating soil moisture at the watershed scale with satellite-based radar and land surface models[J]. Canadian Journal of Remote Sensing, 30(5)：805-826.

Naeimi V, Bartalis Z, Wagner W, 2009. ASCAT soil moisture：An assessment of the data quality and consistency with the ERS scatterometer heritage[J]. Journal of Hydrometeorology, 10(2)：555-563.

Neale C M U, McFarland M J, Chang K, 1990. Land-surface-type classification using microwave brightness temperatures from the Special Sensor Microwave/Imager[J]. IEEE Transactions on Geoscience and Remote Sensing, 28：829-838.

Njoku E G, Chan S K, 2006. Vegetation and surface roughness effects on AMSR-E land observations[J]. Remote Sensing of Environment, 100(2)：190-199.

Njoku E G, Li L, 1999. Retrieval of land surface parameters using passive microwave measurements at 6-18 GHz[J]. IEEE Transactions on Geoscience & Remote Sensing, 37(1)：79-93.

Noborio K, 2001. Measurement of soil water content and electrical conductivity by time domain reflectometry：a review[J]. Computers and Electronics in Agriculture, 31(3)：213-237.

Noborio K, McInnes K, Heilman J, 1996. Measurements of soil water content, heat capacity, and thermal conductivity with a single tdr probel[J]. Soil Science, 161(1)：22-28.

Notarnicola C, Angiulli M, Posa F, 2008. Soil moisture retrieval from remotely sensed data：Neural network approach versus bayesian method[J]. IEEE Transactions on Geoscience & Remote Sensing, 46(2)：547-

557.

O'Neill P E, 1985. Microwave Remote Sensing of Soil Moisture, A Comparison of Results from Different Truck and Aircraft Platforms[J]. International Journal of Remote Sensing, 6(7): 1125-1134.

O'Neill P E, Chauhan N S, Jackson T J, 1996. Use of active and passive microwave remote sensing for soil moisture estimation through corn[J]. International Journal of Remote Sensing, 17(10): 1851-1865.

O'Neill P, Chan S, Njoku E, et al, 2015. Algorithm Theoretical Basis Document (ATBD): L2/3_SM_P[M]. Jet Propulsion Lab Press: Pasadena, CA, USA.

Oh Y, Sarabandi K, Ulaby F T, 1992. An empirical model and an inversion technique for radar scattering from bare soil surfaces[J]. IEEE Transactions on Geoscience and Remote Sensing, 30(2): 370-381.

Oh Y, Sarabandi K, Ulaby F T, 2002. Semi-empirical model of the ensemble-averaged differential Mueller matrix for microwave backscattering from bare soil surfaces[J]. IEEE Transactions on Geoscience and Remote Sensing, 40(6): 1348-1355.

Paloscia S G, Macelloni E S, Koike T, 2001. A Multifrequency Algorithm for the Retrieval of Soil Moisture on a Large Scale Using Microwave Data from SMMR and SSM/I Satellites[J]. IEEE Transactions on Geoscience and Remote Sensing, 39(8): 1655-1661.

Pan M, Sahoo A K, Wood E F, 2014. Improving soil moisture retrievals from a physically-based radiative transfer model[J]. Remote Sensing of Environment, 140: 130-140.

Parinussa R, Wang G, Holmes T, et al, 2014. Global surface soil moisture from the microwave radiation imager onboard the Fengyun-3B satellite[J]. International Journal of Remote Sensing, 35(19): 7007-7029.

Pellarin T, Calvet J C, Wigneron J P, 2003. Surface soil moisture retrieval from L-band radiometry: a global regression study[J]. IEEE Transactions on Geoscience and Remote Sensing, 41(9): 2037-2051.

Pepin S, Livingston N, Hook W, 1995. Temperature-dependent measurement errors in time domain reflectometry determinations of soil water[J]. Soil Science Society of America Journal, 59(1): 38-43.

Peters W S, 2002. Drought monitoring with NDVI-based standardized vegetation index[J]. Photogrammetric Engineering & Remote Sensing, 68(1): 71-76.

Petropoulos G P, Ireland G, Srivastava P K, et al, 2014. An appraisal of the accuracy of operational soil moisture estimates from SMOS MIRAS using validated in situ observations acquired in a Mediterranean environment[J]. International Journal of Remote Sensing, 35(13): 5239-5250.

Pierdicca N, Pulvirenti L, Bignami C, et al, 2013. Monitoring soil moisture in an agricultural test site using SAR data: design and test of a pre-operational procedure[J]. IEEE Journal of Selected Topics in Applied Earth Observations and Remote Sensing, 6(3): 1199-1210.

Prakash R, Singh D, Pathak N P, 2012. A fusion approach to retrieve soil moisture with SAR and optical data [J]. IEEE Journal of Selected Topics in Applied Earth Observations and Remote Sensing, 5(1): 196-206.

Price J C, 1980. The potential of remotely sensed thermal infrared data to infer surface soil moisture and evaporation[J]. Water Resources Research, 16(4): 787-795.

Rahman M, Moran M, Thoma D, et al, 2008. Mapping surface roughness and soil moisture using multi-angle radar imagery without ancillary data[J]. Remote Sensing of Environment, 112(2): 391-402.

Rao B H, Singh D, 2011. Moisture content determination by TDR and capacitance techniques: a comparative study[J]. International Journal of Earth Sciences, 4(6): 132-137.

Rao K S, Raju S, Wang J R, 1993. Estimation of soil moisture and surface roughness parameters from backscattering coefficient[J]. IEEE Transactions on Geoscience & Remote Sensing, 31(5): 1094-1099.

Reed B C, 1993. Using remote sensing and Geographic Information Systems for analyzing landscape/drought interaction[J]. International Journal of Remote Sensing, 14(18): 3489-3503.

Rinaldi V, Francisca F, 1999. Impedance analysis of soil dielectric dispersion (1 MHz – 1 GHz)[J]. Journal of Geotechnical and Geoenvironmental Engineering, 125(2): 111-121.

Rivera Villarreyes C, Baroni G, Oswald S E, 2011. Integral quantification of seasonal soil moisture changes in farmland by cosmic-ray neutrons[J]. Hydrology and Earth System Sciences, 15(12): 3843-3859.

Robinson D, Campbell C, Hopmans J, et al, 2008. Soil moisture measurement for ecological and hydrological watershed-scale observatories: A review[J]. Vadose Zone Journal, 7(1): 358-389.

Rodell M, Houser P R, Jambor U, et al, 2004. The Global Land Data Assimilation System[J]. Bulletin of American Meteorological Society, 85(3): 381-394.

Rohini K, Singh D N, 2004. Methodology for determination of electrical properties of soils[J]. Journal of Testing and Evaluation, 32(1): 62-68.

Rojas O, Vrieling A, Rembold F, 2011. Assessing drought probability for agricultural areas in Africa with coarse resolution remote sensing imagery[J]. Remote Sensing of Environment, 115(2): 343-352.

Rosolem R, Shuttleworth W J, Zreda M, et al, 2013. The effect of atmospheric water vapor on neutron count in the cosmic-ray soil moisture observing system[J]. Journal of Hydrometeorology, 14(5): 1659-1671.

Sandholt I, Rasmussen K, Andersen J, 2002. A simple interpretation of the surface temperature/ vegetation index space for assessment of surface moisture status[J]. Remote Sensing of Environment, 79(2): 213-224.

Saradjian M, Hosseini M, 2011. Soil moisture estimation by using multipolarization SAR image[J]. Advances in Space Research, 48(2): 278-286.

Sawada Y, Tsutsui H, Koike T, 2017. Ground Truth of Passive Microwave Radiative Transfer on Vegetated Land Surfaces[J]. Remote Sensing, 9(7): 655.

Sayde C, Gregory C, Gil-Rodriguez M, et al, 2010. Feasibility of soil moisture monitoring with heated fiber optics[J]. Water Resources Research, 46(6): W06201.

Schmugge T J, Gloersen P, Wilheit T, et al, 1974. Remote Sensing of Soil Moisture with Microwave Radiometers[J]. Journal of Geophysical Research, 79(2): 317-323.

Schmugge T J, O'Neill P E, Wang J R, 1986. Passive Microwave Soil Moisture Research[J]. IEEE Transactions on Geoscience and Remote Sensing, 24(1): 12-20.

Schwartz B F, Schreiber M E, Yan T, 2008. Quantifying field-scale soil moisture using electrical resistivity imaging[J]. Journal of Hydrology, 362(3-4): 234-246.

Seyfried M, Grant L, Du E, et al, 2005. Dielectric loss and calibration of the Hydra Probe soil water sensor [J]. Vadose Zone Journal, 4(4): 1070-1079.

Shahabfar A, Ghulam A, Eitzinger J, 2012a. Drought monitoring in Iran using the perpendicular drought indices[J]. International Journal of Applied Earth Observation and Geo-information, 18: 119-127.

Shahabfar A, Reinwand M, Conrad C, et al, 2012b. A Re - examination of Perpendicular Drought Indices over Central and South-West Asia[J]. Remote Sensing for Agriculture Ecosystems & Hydrology XIV, 8531(8): 103-104.

Shen J, Maradudin A A, 1980. Multiple scattering of waves from random rough surfaces[J]. Physical Review B, 22(9): 4234.

Shi J, Chen K-S, 2005a. Estimation of bare surface soil moisture with L-band multi-polarization radar measurements[C]. IEEE International Geoscience and Remote Sensing Symposium (IGARSS), Seoul, Korea.

Shi J, Jiang L, Zhang L, et al, 2005b. A parameterized multifrequency-polarization surface emission model [J]. IEEE Transactions on Geoscience and Remote Sensing, 43(12): 2831-2841.

Shi J, Jiang L, Zhang L, et al, 2006. Physically based estimation of bare-surface soil moisture with the passive radiometers[J]. IEEE Transactions on Geoscience and Remote Sensing, 44(11): 3145-3153.

Shi J, Wang J, Hsu A Y, et al, 1997. Estimation of bare surface soil moisture and surface roughness parameter using L-band SAR image data[J]. IEEE Transactions on Geoscience and Remote Sensing, 35(5): 1254-1266.

Shoshany M, Svoray T, Curran P, et al, 2000. The relationship between ERS-2 SAR backscatter and soil moisture: generalization from a humid to semi-arid transect[J]. International Journal of Remote Sensing, 21(11): 2337-2343.

Shuttleworth J, Rosolem R, Zreda M, et al, 2013. The COsmic-ray Soil Moisture Interaction Code (COSMIC) for use in data assimilation[J]. Hydrology and Earth System Sciences, 17(8): 3205-3217.

Sims D A, Gamon J A, 2003. Estimation of vegetation water content and photosynthetic tissue area from spectral reflectance[J]. Remote Sensing of Environment, 84: 526-537.

Stogryn A, 1971. Equations for calculating the dielectric constant of saline water[J]. IEEE Transactions on Microwave Theory and Techniques, 19(8): 733-736.

Su Z, Yacob A, Wen J, et al, 2003. Assessing relative soil moisture with remote sensing data: theory, experimental validation, and application to drought monitoring over the North China Plain[J]. Physics and Chemistry of the Earth, Parts A/B/C, 28(1): 89-101.

Sun H, Zhao X, Chen Y, et al, 2013. A new agricultural drought monitoring index combining MODIS NDWI and day-night land surface temperatures: a case study in China[J]. International Journal of Remote Sensing, 34(24): 8986-9001.

Sun L, Wu Q, Pei Z, et al, 2012. Study on drought index in major planting area of winter wheat of China[J]. Sensor Letters, 10(1-2): 453-458.

Sun R, Zhang Y, Du J, 2016. The application of FY3/MWRI soil moisture product in the summer drought monitoring of middle China[J]. 2016 IEEE International Geoscience and Remote Sensing Symposium: 2967-2969.

Sur C Y, Jung Y, Choi M H, 2013. Temporal stability and variability of field scale soil moisture on mountainous hillslopes in Northeast Asia[J]. Geoderma, 207-208: 234-243.

Tarara J M, Ham J M, 1997. Measuring soil water content in the laboratory and field with dual-probe heat-capacity sensors[J]. Agronomy Journal, 89(4): 535-542.

Terhoeven-Urselmans T, Schmidt H, Joergensen R G, et al, 2008. Usefulness of near-infrared spectroscopy to determine biological and chemical soil properties: Importance of sample pre-treatment[J]. Soil Biology and Biochemistry, 40(5): 1178-1188.

Thoma D, Moran M, Bryant R, et al, 2004. Comparison of two methods for extracting surface soil moisture from C-band radar imagery[J]. 2004 IEEE International Geoscience and Remote Sensing Symposium: 827-830.

Topp G, Davis J, Annan A, 1982. Electromagnetic Determination of Soil Water Content Using TDR: I. Applications to Wetting Fronts and Steep Gradients 1[J]. Soil Science Society of America Journal, 46(4): 672-678.

Topp G C, Davis J, Annan A P, 1980. Electromagnetic determination of soil water content: Measurements in coaxial transmission lines[J]. Water Resources Research, 16(3): 574-582.

Ulaby F T, Batlivala P P, Dobson M C, 1978. Microwave backscatter dependence on surface roughness, soil moisture, and soil texture: Part I-bare soil[J]. IEEE Transactions on Geoscience Electronics, 16(4): 286-295.

Ulaby F T, El-Rayes M A, 1987. Microwave Dielectric Spectrum of Vegetation-Part 2: Dual-Dispersion Model [J]. IEEE Transactions on Geoscience and Reomote Sensing, 25: 550-557.

Ulaby F T, Sarabandi K, Mcdonald K, et al, 1990. Michigan microwave canopy scattering model[J]. International Journal of Remote Sensing, 11(7): 1223-1253.

Velde R V D, Su Z, Oevelen P V, et al. , 2012. Soil moisture mapping over the central part of the Tibetan Plateau using a series of ASAR WS images[J]. Remote Sensing of Environment, 120(SI): 175-187.

Voronovich A, 1985. Small slope approximation in wave scattering theory for rough surfaces[J]. Zhurnal Eksperimentalnoi i Teoreticheskoi Fiziki, 89: 116-125.

Wagner N, Scheuermann A, 2009. On the relationship between matric potential and dielectric properties of organic free soils: a sensitivity study[J]. Canadian Geotechnical Journal, 46(10): 1202-1215.

Wagner W, Blöschl G, Pampaloni P, et al, 2007. Operational readiness of microwave remote sensing of soil moisture for hydrologic applications[J]. Hydrology Research, 38(1): 1-20.

Wagner W, Lemoine G, Borgeaud M, et al, 1999a. A study of vegetation cover effects on ERS scatterometer data[J]. IEEE Transactions on Geoscience and Remote Sensing, 37(2): 938-948.

Wagner W, Lemoine G , Rott H, 1999b. A method for estimating soil moisture from ERS scatterometer and soil data[J]. Remote Sensing of Environment, 70(2): 191-207.

Wagner W, Pathe C, Gerten D, et al, 2003. Evaluation of the agreement between the first global remotely sensed soil moisture data with model and precipitation data[J]. Journal of Geophysical Research: Atmospheres, 108(D19): 4611.

Wan Z, Wang P, Li X, 2004. Using MODIS land surface temperature and normalized difference vegetation index products for monitoring drought in the southern Great Plains, USA[J]. International Journal of Remote Sensing, 25(1): 61-72.

Wang J R, Schmugge T J, 1980. An empirical model for the complex dielectric permittivity of soils as a function of water content[J]. IEEE Transactions on Geoscience and Remote Sensing(4): 288-295.

Wang L, Qu J, 2007. NMDI: A normalized multi-band drought index for monitoring soil and vegetation moisture with satellite remote sensing[J]. Geophysical Research Letters, 34(20): 117-131.

Wang W, Wang X, Wang P, 2014. Assessing the applicability of GLDAS monthly precipitation data in China [J]. Advances in Water Science, 25(6): 769-778.

Whalley W, Dean T, Izzard P, 1992. Evaluation of the capacitance technique as a method for dynamically measuring soil water content[J]. Journal of Agricultural Engineering Research, 52: 147-155.

Wigneron J P, Calvet J C, Pellarin T, 2003. Retrieving near-surface soil moisture from microwave radiometric observations: current status and future plans[J]. Remote Sensing of Environment, 85(4): 489-506.

Wu D, Gao T, Xue H, 2016a. The study of quality control for observing data of automatic soil moisture[J]. Hans Journal. Soil Science, 4(1): 1-10.

Wu D, Liang H, Cao T, et al, 2014. Construction of Operation Monitoring System of Automatic Soil Moisture Observation Network in China[J]. Meteorological Science & Technology (Chinese), 42: 278-282.

Wu Q, Liu H, Wang L, et al, 2016b. Evaluation of AMSR2 soil moisture products over the contiguous United States using in situ data from the International Soil Moisture Network[J]. International Journal of Applied Earth Observation and Geoinformation, 45: 187-199.

Wu T D, Chen K S, 2004. A reappraisal of the validity of the IEM model for backscattering from rough surfaces [J]. IEEE Transactions on Geoscience and Remote Sensing, 42: 743-753.

Xia Y, Mitchell K, Ek M, et al, 2012. Continental-scale water and energy flux analysis and validation for North American Land Data Assimilation System project phase 2 (NLDAS-2): 2. Validation of model-simulated streamflow[J]. Journal of Geophysical Research, 117(D3): 110.

Xie Y, Koch S, McGinley J, et al, 2011. A Space-Time Multiscale Analysis System: A Sequential Variational Analysis Approach[J]. Monthly Weather Review, 139(4): 1224-1240.

Xue L, Chen H,Shi L, 2011. Construction and Operation Management of Automatic Soil Moisture Observation Station Network in Henan Province[J]. Meteorological and Environmental Sciences (Chinese), 34 (4): 84-87.

Xue L Q,Ye L M, 2013. DZN2 Automatic Soil Moisture Observation System Based on GPRS Transmission [J]. Applied Mechanics & Materials, 341-342(2): 887-891.

Yee M S, Walker J P, Rüdiger C, et al, 2017. A comparison of SMOS and AMSR2 soil moisture using representative sites of the OzNet monitoring network[J]. Remote Sensing of Environment, 195: 297-312.

Yu X,Drnevich V P,Nowack R L, 2006. Soil property variation by time domain reflectometry[C]. Proceedings of the Fourth International Conference on Unsaturated Soils: 553-564.

Zazueta F S,Xin J, 1994. Soil moisture sensors[J]. Soil Science, 73: 391-401.

Zhang X, Zhang T, Zhou P, et al, 2017. Validation Analysis of SMAP and AMSR2 Soil Moisture Products over the United States Using Ground-Based Measurements[J]. Remote Sensing, 9(2): 104.

Zhu Y, Li X, Pearso S, et al,2019. Evaluation of Fengyun-3C soil moisture products using in-Situ data from the Chinese Automatic Soil Moisture Observation Stations: A case study in Henan Province[J]. China Water, 11: 248.

Zreda M, Desilets D, Ferré T, et al,2008. Measuring soil moisture content non-invasively at intermediate spatial scale using cosmic-ray neutrons[J]. Geophysical Research Letters, 35(21):L21402.

Zreda M, Shuttleworth W, Zeng X, et al, 2012. COSMOS: The cosmic-ray soil moisture observing system [J]. Hydrology and Earth System Sciences, 16(11): 4079-4099.

Zribi M, Chahbi A, Shabou M, et al, 2011. Soil surface moisture estimation over a semi-arid region using ENVISAT ASAR radar data for soil evaporation evaluation[J]. Hydrology and Earth System Sciences Discussions, 15(1): 345-358.

Zribi M, Le Hégarat-Mascle S, Ottlé C, et al, 2003. Surface soil moisture estimation from the synergistic use of the (multi-incidence and multi-resolution) active microwave ERS Wind Scatterometer and SAR data [J]. Remote Sensing of Environment, 86(1): 30-41.

附录 A 哨兵 1 号数据自动下载程序(Python 3. 7)

```python
#%%导入 sentinelsat 模块
from sentinelsat. sentinel import SentinelAPI, read_geojson, geojson_to_wkt
#定义数据保存路径
save_path= '/home/ychzhu/Downloads/'
#连接到数据服务器
api = SentinelAPI('ychzhu', 'zhu198717~',
                  'https://scihub. copernicus. eu/dhus',
                  show_progressbars=True)
#定义数据的开始于结束日期
start_date= '20180824'
end_date='20180829'
#定义数据的搜索范围
footprint= 'POLYGON ((14. 177944 52. 455566,10. 324938 52. 869007,\
10. 708456 54. 363194,14. 697863 53. 946598,14. 177944 52. 455566))'
#获取查找产品的信息
products= api. query(footprint, area_relation='Intersects',
                    date=(start_date,end_date),
                    platformname='Sentinel-1',
                    filename='S1 *',
                    producttype="GRD",
                    orbitdirection='ASCENDING',
                    order_by='-beginposition')
#获取符合条件的产品个数
counts= api. count(footprint, area_relation='Intersects',
                  date=(start_date,end_date),
                  platformname='Sentinel-1',
                  filename='S1 *',
                  producttype="GRD",
                  orbitdirection='ASCENDING',
                  order_by='-beginposition')
print('counts:',counts)
#获取所有产品的轨道编号
```

```
relativeOrbitNO = list(set(relativeOrbitNO))
# 根据轨道编号筛选产品
products_orb1= api. query(footprint, area_relation='Intersects',
                date=(start_date,end_date),
                platformname='Sentinel-1',
                filename='S1 * ',
                producttype="GRD",
                orbitdirection='ASCENDING',
                order_by='-beginposition',
                relativeorbitnumber = relativeOrbitNO[1])
# 下载产品
api. download_all(products_orb1, directory_path = save_path, max_attempts = 10,
checksum=True)
# 获取下载产品的范围信息
geojsonstr=str(api. to_geojson(products))
# 保存下载产品的范围信息
filename="/home/ychzhu/Downloads/s1_footprints. geojson"
file= open(filename, "w")
file. write(geojsonstr)
file. close()
```

附录 B 哨兵 1 号数据批处理流程(IDL+SARscape)

```
; ★ ★ ★ ★ ★ ★ ★ ★ ★ ★ ★ ★ ★ ★ ★ ★ ★ ★ ★ ★ ★ ★ ★ ★ ★ ★ ★ ★ ★ ★ ★ ★ ★ ★ ★
;调用格式:@S1A_processing
; ★ ★ ★ ★ ★ ★ ★ ★ ★ ★ ★ ★ ★ ★ ★ ★ ★ ★ ★ ★ ★ ★ ★ ★ ★ ★ ★ ★ ★ ★ ★ ★ ★ ★ ★
;第一步导入 sentinel-1 GRD 数据
ENVI, /RESTORE_BASE_SAVE_FILES
ENVI_BATCH_INIT, /NO_STATUS_WINDOW


;初始化 osb 对象
oSB = SARscapeBatch()


;设置当前的批处理为导入 sentinel-1 数据:IMPROTSENTINEL1FORMAT
ok = oSB. SetUpModule(Module='IMPORTSENTINEL1FORMAT')
;显示批处理的参数
oSB. ListParams


;设置你要选择的路径
inputfile = DIALOG_PICKFILE(PATH = 'G:\s1-sm-gucheng\s1-download\',
FILTER='*. SAFE')
;给出当前数据文件的观测日期:当数据为不同年份时,需修改'2017'
;卫星类型
satpos = strpos(inputfile,'S1')
satstr = strmid(inputfile,satpos,3)
;观测日期
datepos = strpos(inputfile,'2017')
datestr = strmid(inputfile,datepos+4,4)
;设置输入输出参数
outputfolder = 'G:\s1-sm-gucheng\S1A_20171023T101311'


;根据文件名,创建对应的子文件夹
aTmp = outputfolder+PATH_SEP()+satstr+datestr
if ~FILE_TEST(aTmp) then FILE_MKDIR,aTmp ;检查文件夹是否存在
```

```
outputfile = aTmp+PATH_SEP()+'manifest_rsp'


ok=oSB. SetParam('input_file_list',inputfile)
ok=oSB. SetParam('output_file_list',outputfile)
;系统可以修改数据文件的名字
ok=oSB. SetParam('rename_the_file_using_parameters_flag','OK')
;执行前验证程序
ok=osb. verifyparams()
;如果参数设置没有问题,执行程序
if ok eq 1 then ok=oSB. Execute()
print,'已完成第 1 步 ...'


;;对导入的文件滤波,Module 为:DESPECKLECONVENTIONALSINGLE
ok = osb. SetUpModule(Module='DESPECKLECONVENTIONALSINGLE')


;输入路径
inputfile1 = FILE_SEARCH(aTmp+path_sep()+'*'+datestr+'* VV_gr')
inputfile2 = FILE_SEARCH(aTmp+path_sep()+'*'+datestr+'* VH_gr')
ok=oSB. SetParam('input_file_list',[inputfile1,inputfile2])


;输出路径
outputfile1 = inputfile1+'_fil'   ;使用+号链接字符串
outputfile2 = inputfile2+'_fil'
ok=oSB. SetParam('output_file_list',[outputfile1,outputfile2])


;设置滤波方法
filter_method = 'Frost' ;注意滤波方法必须和窗口一致,不然会报错,注意大小写
ok=oSB. SetParam('filt_type',filter_method)


;验证参数设置
ok = osb. verifyParams()
if ok then ok=oSB. Execute()
print,'已完成第 2 步 ...'


;;地理编码与辐射校正
ok = osb. SetUpModule(Module='BASICGEOCODING')


;设置输入路径:上一步的输出路径
ok=oSB. SetParam('input_file_list',[outputfile1,outputfile2])
```

;设置输出路径:＋'_geo_db'
outputfile1 ＝ outputfile1＋'_geo'　　;使用＋号链接字符串
outputfile2 ＝ outputfile2＋'_geo'
ok＝oSB. SetParam('output_file_list',[outputfile1,outputfile2])

;设置 DEM 数据
demfile ＝ 'G:\s1－sm－gucheng\dem_envi\dem_envi. dat_bil'
ok＝oSB. SetParam('dem_file_name',demfile)

;设置辐射校正参数
ok＝oSB. SetParam('calibration_flag','OK')
ok＝oSB. SetParam('rad_normalization_flag','OK')
ok＝oSB. SetParam('output_type','output_type_db')

ok ＝ osb. verifyparams()
if ok then ok ＝ osb. Execute()
print,'已完成全部处理步骤...'

附录 C 土壤粗糙度数字化步骤以及粗糙度参数计算脚本（MATLAB）

C.1 插针式土壤粗糙度仪测量结果的数字化步骤

1. 当前目录设置为图片的文件夹目录，运行脚本。首先，在白板上输入图片名称，如下图所示，输入名称：FIELD-2-POINT-3-ALONG-W。然后，将 OK 转到步骤 2。

2. 输入两个点以获得要放大的范围。请注意，范围中应包含四个红点。

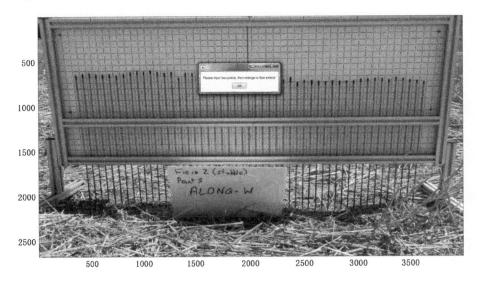

3. 输入四个红点的中心位置;请注意,输入的点将标记为绿色,按"Enter"键将结束输入。然后,程序将使用输入的位置消除图像变形。

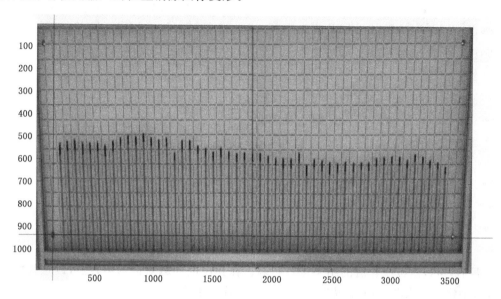

4. 在重新投影的图片上,再次输入四个红点的中心位置。请注意,输入的点将标记为绿色,按"Enter"键将结束输入。然后,程序将删除由四个点定义的范围之外的图片边框。

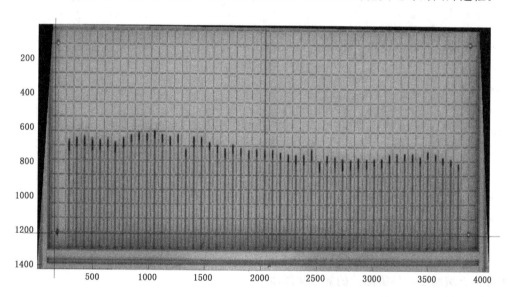

5. 逐个描画插针的高度。请注意,输入的点将标记为红色,在完成所有点后,按"Enter"键结束输入。然后,程序将以厘米为单位计算每个点的坐标。结果的 X 间距将插值为 1 cm,然后绘制在新图中。

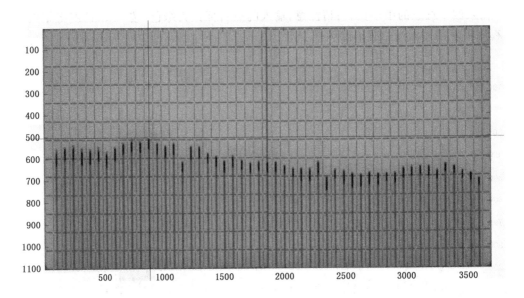

6. 最后，可以对数字化后的结果进行核验。在弹出的问题对话框中，您可以选择"继续"按钮来数字化下一张图片，或者按"结束任务"结束你的工作。

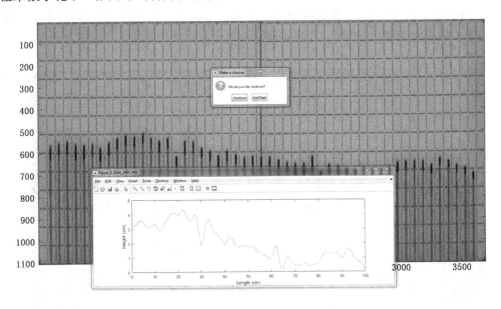

C.2 土壤粗糙度拍摄图片的数字化脚本

```
%% 1. 获取要数字化的图片
clear, clc
close all

%图片所在的文件夹
picturedir = 'Z:\Works_UK\Pinboard_photos_20180824\roughness_extraction\';
```

%选择要数字化的图片
```
filename= uigetfile('*.JPG','Pick a file',picturedir);
roughness_picture= importdata([picturedir filename]);
```

%% 2. 获取有效范围
```
screensize = get(0,'ScreenSize');   % get screen resolution
screensize2 = screensize;
screensize2(1) = screensize(1)+screensize(3);
```

%最大化图片
```
figure('Name',filename,'position',screensize)
imagesc(roughness_picture);
```

%输入采样点信息
```
pointName = cell2mat(inputdlg('Please input the point name:','Input',[1 50]));
pointName = matlab.lang.makeValidName(pointName);
```

%放大至有效作图范围
```
uiwait(msgbox('Please input two points, then enlarge to that extend'));

p= ginput(2);
% the corners of the polygon
sp(1) = min(floor(p(1)), floor(p(2))); %xmin
sp(2) = min(floor(p(3)), floor(p(4))); %ymin
sp(3) = max(ceil(p(1)), ceil(p(2))); %xmax
sp(4) = max(ceil(p(3)), ceil(p(4))); %ymax
```

%显示结果
```
MM= roughness_picture(sp(2):sp(4), sp(1):sp(3),:);

imagesc(MM);
```

%% 3. 纠正图片变形
```
uiwait(msgbox('Please input the central locations of the four red point to wrap the picture!'));
% [x_pixs,y_pixs] =ginput;
x_pix4= [];
y_pix4= [];
finish= false;
```

```
set(gcf,'CurrentCharacter','@');

while ~finish
% get the coordinates of the four points
    % check for keys
    key= get(gcf,'CurrentCharacter');
    children= get(gca, 'children');

if key~='@' % has it changed from the dummy character?
        set(gcf,'CurrentCharacter','@'); % reset the character

if strcmp (key, char(13))
        %    finish=true;
        break;
        % if input delete, then delete the current point
elseif strcmp(key, char(127)) && length(children)>2

            delete(children(1));
            delete(children(2));
            x_pix4= x_pix4(1:end-2);
            y_pix4= y_pix4(1:end-2);
            continue;
        end
    end

[x_pix1,y_pix1] = ginput(1);
    hold on
    plot(x_pix1,y_pix1,'*g')

    x_pix4= [x_pix4 x_pix1];
    y_pix4= [y_pix4 y_pix1];
end
hold off

% square sum of the coordinates, and sort the matrix
corSUM = x_pix4.^2+y_pix4.^2;
[corSUM_sort,I] = sort(corSUM);

% exchange (swap) the second and third elements
```

```
I([2 3]) = I([3 2]);

% from left-right and up-down
x_pix4 = x_pix4(I);
y_pix4 = y_pix4(I);

topLeft = [x_pix4(1), y_pix4(1)];
topRight = [x_pix4(2), y_pix4(2)];
botRight = [x_pix4(4), y_pix4(4)];
botLeft = [x_pix4(3), y_pix4(3)];

U = [topLeft; topRight; botRight; botLeft];
width = size(MM,2);
height = size(MM,1);
topLeftNew = [1 1];
topRightNew = [width,1];
bottomLeftNew = [1,height];
bottomRightNew = [width,height];
X = double([topLeftNew; topRightNew; bottomRightNew; bottomLeftNew;]);
tform = fitgeotrans(U, X, 'projective');
MM_wrap = imwarp(MM, tform);

%显示纠偏后的结果
imagesc(MM_wrap)

%% 4. 裁剪多余区域
uiwait(msgbox('Please input the central locations of the four red points to cut the pic-
ture! '));
% get the coordinates of the four points
x_pix4 = [];
y_pix4 = [];

finish = false;
set(gcf,'CurrentCharacter','@');

while ~finish
% get the coordinates of the four points
[x_pix1,y_pix1] = ginput(1);
    hold on
```

```
    plot(x_pix1,y_pix1,'*g')

    x_pix4＝[x_pix4 x_pix1];
    y_pix4＝[y_pix4 y_pix1];

    % check for keys
    key＝ get(gcf,'CurrentCharacter');
    children＝ get(gca,'children');

if key~＝'@' % has it changed from the dummy character?
  set(gcf,'CurrentCharacter','@'); % reset the character
  if strcmp (key, char(13))
  break;

elseif strcmp(key, char(127)) && length(children)>2
    delete(children(1));
    delete(children(2));
    x_pix4＝ x_pix4(1:end-2);
    y_pix4＝ y_pix4(1:end-2);
    continue;
    end

    end
end
hold off

yMin ＝ int16(min(y_pix4));
yMax ＝ int16(max(y_pix4));
xMin ＝ int16(min(x_pix4));
xMax ＝ int16(max(x_pix4));

MM_new＝ MM_wrap(yMin:yMax,xMin:xMax,:);
imagesc(MM_new)

%% 5. 逐插针描画其位置
%获取1厘米代表多少个像素点
pixels_height＝ size(MM_new,1)/26;

% pixels cover 1 cm width
```

```matlab
pixels_width = size(MM_new,2)/106;

uiwait(msgbox('describe the profile: from 1st to the last bin'))

x_pixs = [];
y_pixs = [];

finish = false;
set(gcf,'CurrentCharacter','@');

while ~finish

[x_pix,y_pix] = ginput(1);
    hold on
    plot(x_pix,y_pix,'*r')

    x_pixs = [x_pixs x_pix];
    y_pixs = [y_pixs y_pix];

    % check for keys
    key = get(gcf,'CurrentCharacter');
    children = get(gca, 'children');

if key~='@' % has it changed from the dummy character?
        set(gcf,'CurrentCharacter','@'); % reset the character
if strcmp (key, char(13)),
  break;
elseif strcmp(key, char(127)) && length(children)>2
    delete(children(1));
    delete(children(2));
    x_pixs = x_pixs(1:end-2);
    y_pixs = y_pixs(1:end-2);
    continue;
    end
    end
end

%计算对应的长度和高度
x_widths = (x_pixs-x_pixs(1))/pixels_width;
```

y_heights＝ －(y_pixs － max(y_pixs))/pixels_height；

x_intp ＝ transpose(0:100)；
y_intp ＝ interp1(x_widths,y_heights,x_intp,'spline')；

%% 6. 确认数字化后的结果
SW0＝ screensize(:,3) * 46/1920；
SW＝ screensize(:,3) * 1833/1920；
SH0＝ screensize(:,4) * 735/1080；
SH＝ screensize(:,4) * 201/1080；

figure('Name',filename,'position',[SW0 SH0 SW SH])

plot(x_intp,y_intp)

xlabel('Length (cm)')
ylabel('Height (cm)')

%%保存结果

dir_result＝ [picturedir,'2018_greece\']；

if ～isdir(dir_result)

mkdir(dir_result)

end

save([dir_result pointName,'. mat'],'x_intp','y_intp')

%% continue or end?
answer＝ questdlg('Would you like continue? ',...
    'Make a choose',...
    'Continue','End Task','Continue')；

% Handle response
switch answer
    case 'Continue'
        run roughness_extraction_V2. m；

```
        case 'End Task'
             disp('Task End');
end


disp(filename)
disp(pointName)
```

C.3　均方根高度计算步骤

```
%% 计算均方根高度
% 读取数据
filedir = 'E:\土壤粗糙度\20171014_results1-10';
addpath('E:\土壤粗糙度\20171014_results1-10')
filename= dir(filedir);
s= nan(1,length(filename));
for ifile   = 3:length(filename)


    load(filename(ifile). name)
    % 有一些点重复,拟合前需删除
    soil_profile= cat(2,x_lengths,y_heights);
    % 排序,删除重复点,按照 x 点位置排序
    sp_sort= sortrows(soil_profile,1);
    irep  = find((sp_sort(2:end,1)-sp_sort(1:end-1,1))~=0);
    sp_dif= cat(1,sp_sort(irep,:),sp_sort(end,:));
    xp= 0:0.5:87;
yp= interp1(sp_dif(:,1),sp_dif(:,2),xp);


    % 计算均方根高度
    N= 175;
    ziAvg = mean(yp);
    ziSqa = yp.^2;
    s(ifile) = sqrt(sum(abs(ziSqa-ziAvg))/(N-1));


end
```

C.4　相关长度计算代码

```
%% 计算相关长度
% 读取数据
clear,clc
filedir = 'E:\土壤粗糙度\20171014_results1-10';
```

```matlab
addpath('E:\土壤粗糙度\20171014_results1-10')
filename= dir([filedir,'\*.mat']);
cl= nan(1,length(filename));%相关长度数组
for ifile = 1:length(filename)
    load(filename(ifile).name)
    %有一些点重复,拟合前需删除
    soil_profile= cat(2,x_lengths,y_heights);
    %排序,删除重复点,按照x点位置排序
    sp_sort= sortrows(soil_profile,1);
    irep = find((sp_sort(2:end,1)-sp_sort(1:end-1,1))~=0);
    sp_dif= cat(1,sp_sort(irep,:),sp_sort(end,:));
    xp= 0:0.5:87;
    yp= interp1(sp_dif(:,1),sp_dif(:,2),xp);
    yp= yp-mean(yp);
    %计算均方根高度
    N= 175;
    %计算相关长度cl
    for j = 1:N
        cl_(j) = sum(yp(1:N+1-j).*yp(j:N))./sum(yp(1:N).^2);
        if cl_(j) - exp(-1)<0.01
            cl(ifile) = (j-1)*0.5;
            break;
        end
    end
end
```

附录 D CLDAS-V2.0 产品的读取程序

目前 CLDAS-V2.0 产品格式为 netcdf 格式,建议采用 Fortran、ncl 等编程语言进行读取与处理,以下给出了 CLDAS-V2.0 产品的气温、气压、风速、比湿、降水、太阳短波辐射、土壤温湿度的 NCL 读取样例,可供参考。

1. 读取气温

```
load " $ NCARG_ROOT/lib/ncarg/nclscripts/csm/gsn_code. ncl"
load " $ NCARG_ROOT/lib/ncarg/nclscripts/csm/gsn_csm. ncl"
load " $ NCARG_ROOT/lib/ncarg/nclscripts/csm/contributed. ncl"
load " $ NCARG_ROOT/lib/ncarg/nclscripts/csm/shea_util. ncl"
begin
fname="P_CLDAS_RE01_EA16_TMP_HOUR_"+时间+". nc"

fpath=存放路径
f=addfile(fpath+fname,"r")
var=f->TAIR
end
```

2. 读取气压

```
load " $ NCARG_ROOT/lib/ncarg/nclscripts/csm/gsn_code. ncl"
load " $ NCARG_ROOT/lib/ncarg/nclscripts/csm/gsn_csm. ncl"
load " $ NCARG_ROOT/lib/ncarg/nclscripts/csm/contributed. ncl"
load " $ NCARG_ROOT/lib/ncarg/nclscripts/csm/shea_util. ncl"
begin

fname=" P_CLDAS_RE01_EA16_PRS_HOUR_"+时间+". nc"

fpath=存放路径
f=addfile(fpath+fname,"r")
var=f-> PAIR
end
```

3. 读取风速

```
load " $ NCARG_ROOT/lib/ncarg/nclscripts/csm/gsn_code. ncl"
load " $ NCARG_ROOT/lib/ncarg/nclscripts/csm/gsn_csm. ncl"
load " $ NCARG_ROOT/lib/ncarg/nclscripts/csm/contributed. ncl"
```

```
load " $ NCARG_ROOT/lib/ncarg/nclscripts/csm/shea_util. ncl"
begin

fname=" P_CLDAS_RE01_EA16_WIN_HOUR_"+时间+". nc"
fpath=存放路径
f=addfile(fpath+fname,"r")
var=f—> WIND
end
```

4. 读取比湿

```
load " $ NCARG_ROOT/lib/ncarg/nclscripts/csm/gsn_code. ncl"
load " $ NCARG_ROOT/lib/ncarg/nclscripts/csm/gsn_csm. ncl"
load " $ NCARG_ROOT/lib/ncarg/nclscripts/csm/contributed. ncl"
load " $ NCARG_ROOT/lib/ncarg/nclscripts/csm/shea_util. ncl"

begin

fname=" P_CLDAS_RE01_EA16_RHU_HOUR_"+时间+". nc"
fpath=存放路径
f=addfile(fpath+fname,"r")
var=f—> QAIR
end
```

5. 读取降水

```
load " $ NCARG_ROOT/lib/ncarg/nclscripts/csm/gsn_code. ncl"
load " $ NCARG_ROOT/lib/ncarg/nclscripts/csm/gsn_csm. ncl"
load " $ NCARG_ROOT/lib/ncarg/nclscripts/csm/contributed. ncl"
load " $ NCARG_ROOT/lib/ncarg/nclscripts/csm/shea_util. ncl"

begin

fname=" P_CLDAS_RE01_EA16_PRE_HOUR_"+时间+". nc"
fpath=存放路径
f=addfile(fpath+fname,"r")
var=f—> PRCP
end
```

6. 读取太阳短波辐射

```
load " $ NCARG_ROOT/lib/ncarg/nclscripts/csm/gsn_code. ncl"
load " $ NCARG_ROOT/lib/ncarg/nclscripts/csm/gsn_csm. ncl"
load " $ NCARG_ROOT/lib/ncarg/nclscripts/csm/contributed. ncl"
load " $ NCARG_ROOT/lib/ncarg/nclscripts/csm/shea_util. ncl"
```

begin

fname=" P_CLDAS_RE01_EA16_SRA_HOUR_"＋时间＋". nc"

fpath＝*存放路径*
f＝addfile(fpath＋fname,"r")
var＝f－＞ SWDN
end

7. 读取土壤湿度

load " $ NCARG_ROOT/lib/ncarg/nclscripts/csm/gsn_code. ncl"
load " $ NCARG_ROOT/lib/ncarg/nclscripts/csm/gsn_csm. ncl"
load " $ NCARG_ROOT/lib/ncarg/nclscripts/csm/contributed. ncl"
load " $ NCARG_ROOT/lib/ncarg/nclscripts/csm/shea_util. ncl"
begin
fname=" CLDAS_NRT_ASI_0P0625_HOR－MODELS－"＋时间＋". nc"
fpath＝*存放路径*
f＝addfile(fpath＋fname,"r")
var＝f－＞ SOILLIQ(0,:,:)
end

8. 读取土壤温度

load " $ NCARG_ROOT/lib/ncarg/nclscripts/csm/gsn_code. ncl"
load " $ NCARG_ROOT/lib/ncarg/nclscripts/csm/gsn_csm. ncl"
load " $ NCARG_ROOT/lib/ncarg/nclscripts/csm/contributed. ncl"
load " $ NCARG_ROOT/lib/ncarg/nclscripts/csm/shea_util. ncl"
begin
fname=" CLDAS_NRT_ASI_0P0625_HOR－MODELS－"＋时间＋". nc"　;（近实时
多模式集成）
fpath＝*存放路径*
f＝addfile(fpath＋fname,"r")
var＝f－＞ TSOI
end

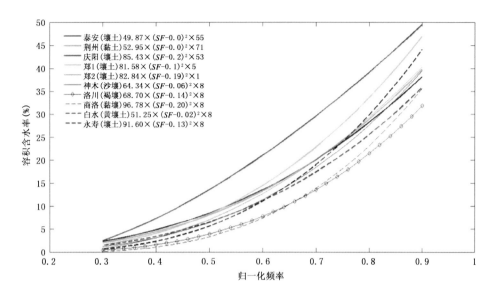

图 2.3　各种土壤类型标定曲线图

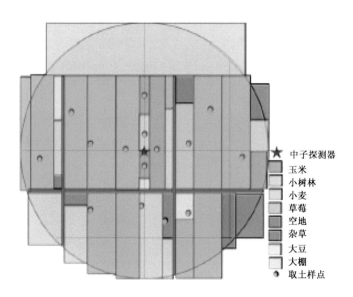

图 3.6　COSMOS 的安装位置、源区下垫面作物以及人工取土样位置分布

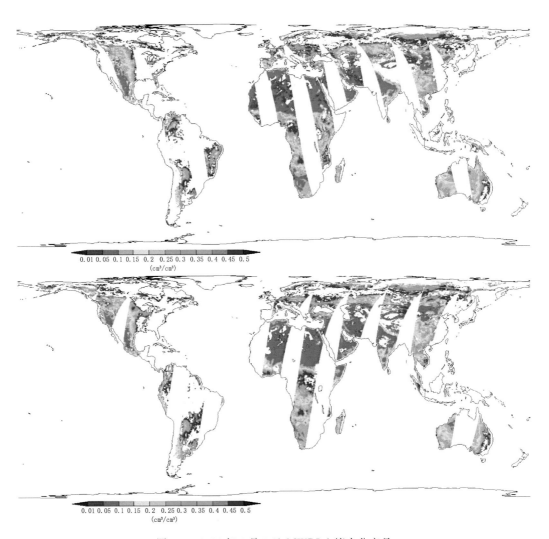

图 5.3　2016 年 6 月 5 日 MWRI 土壤水分产品

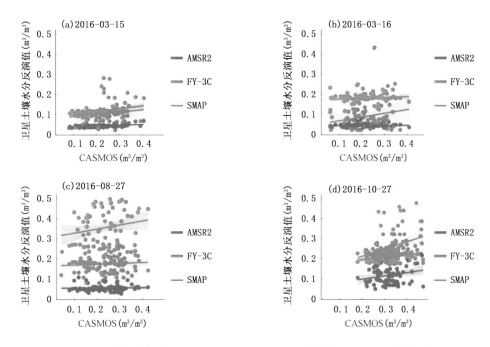

图 5.9　4 个不同日期 FY-3C、AMSR2 和 SMAP 产品与 CASMOS 的关系

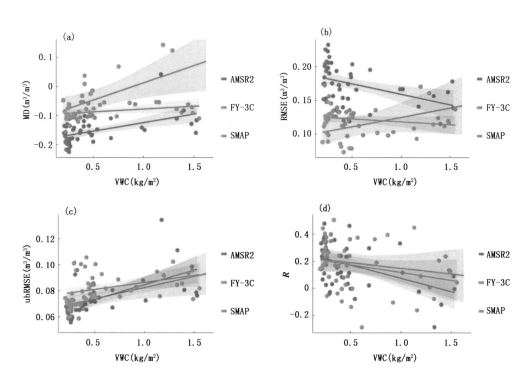

图 5.13　一年中不同时间的空间统计参数与 VWC 的关系

（a. MD 与 VWC；b. RMSE 与 VWC；c. ubRMSE 与 VWC；d. R 与 VWC）

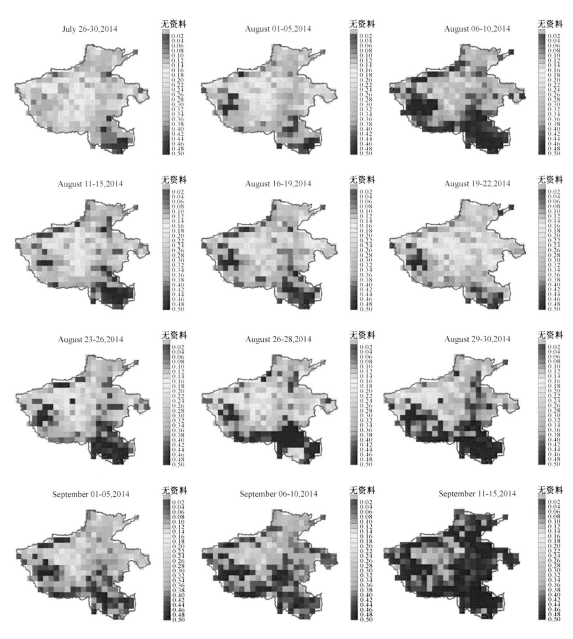

图 5.14 FY-3B/MWRI 土壤水分监测图

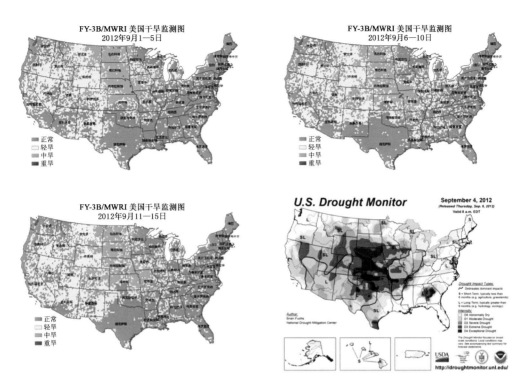

图 5.15 FY-3B/MWRI 土壤水分干旱监测对比图

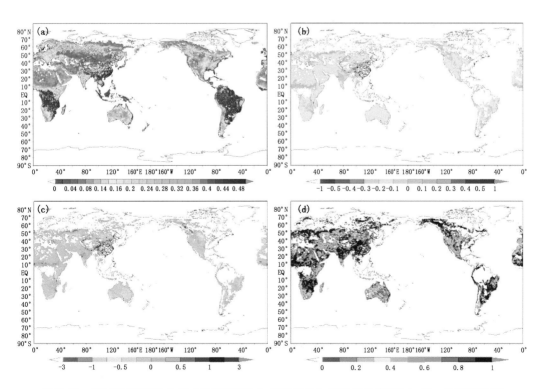

图 5.16 FY-3B/MWRI 土壤水分监测图(a),距平图(b),距平百分率图(c),归一化指数图(d)

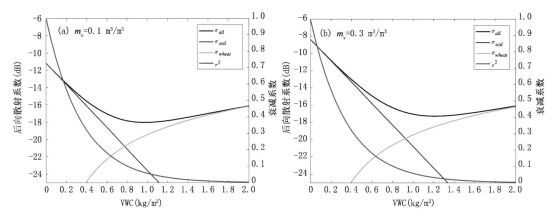

图 7.17　水云模型中裸土和小麦冠层散射贡献以及衰减系数随 VWC 的变化

注：σ_{all} 为总的观测后向散射系数，σ_{soil} 为裸土贡献的后向散射系数，σ_{wheat} 为小麦冠层贡献的后向散射系数，τ^2 为小麦冠层对雷达波的双程衰减系数。

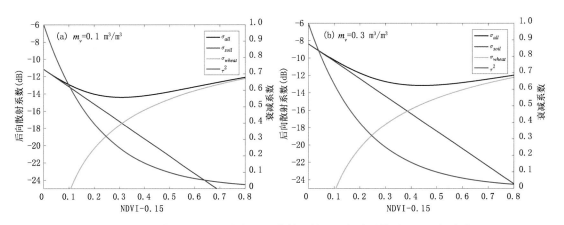

图 7.18　水云模型中裸土和小麦冠层散射贡献以及衰减系数随 NDVI 的变化

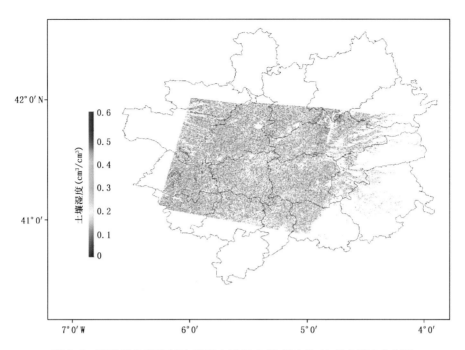

图 8.7　西班牙卡斯蒂利亚-莱昂自治区 2015 年 1 月 20 日土壤水分制图

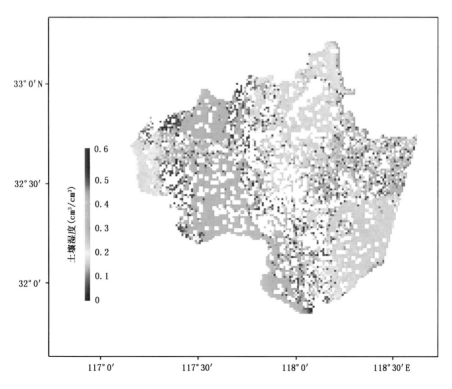

图 8.10　滁州市 2016 年 7 月 24 日土壤水分制图